黄土高填方场地变形研究

郑建国　于永堂　曹　杰　著

科学出版社

北京

内 容 简 介

本书依托"十二五"国家科技支撑计划项目"黄土丘陵沟壑区（延安新区）工程建设关键技术研究与示范"子课题二"黄土高填方沉降分析与变形预测技术研究"的科研成果，结合延安新区黄土高填方工程的实践经验，总结延安黄土丘陵沟壑区的典型工程地质与水文地质特征，介绍黄土高填方工程的建设思路和工程造地技术，研发黄土高填方工程的离心模型试验技术，建立考虑压实黄土时效变形特性的工后沉降预测模型，形成黄土高填方场地工后沉降的反演分析方法，揭示黄土高填方场地全过程沉降变形的时空规律和成因机制，提出基于实测数据的黄土高填方场地工后沉降预测系列方法。

本书可供从事高填方工程建设和科学研究的相关技术人员参考使用。

图书在版编目(CIP)数据

黄土高填方场地变形研究/郑建国，于永堂，曹杰著.—北京：科学出版社，2024.6
ISBN 978-7-03-074793-8

Ⅰ.①黄… Ⅱ.①郑… ②于… ③曹… Ⅲ.①黄土地基-地基变形-研究 Ⅳ.①TU47

中国国家版本馆 CIP 数据核字（2023）第 022994 号

责任编辑：王 钰 / 责任校对：马英菊
责任印制：吕春珉 / 封面设计：东方人华平面设计部

科学出版社 出版
北京东黄城根北街 16 号
邮政编码：100717
http://www.sciencep.com

北京中科印刷有限公司印刷
科学出版社发行 各地新华书店经销
*
2024 年 6 月第 一 版 开本：B5（720×1000）
2024 年 6 月第一次印刷 印张：12
字数：226 000

定价：128.00 元
（如有印装质量问题，我社负责调换）
销售部电话 010-62136230 编辑部电话 010-62151061

前　言

　　黄土是第四纪以来形成的一种多孔隙弱胶结的特殊沉积物，广泛分布于亚洲、欧洲、美洲等地。我国黄土主要分布在黄土高原的陕西、甘肃、山西和宁夏等省、自治区，面积达 64 万 km², 占世界黄土覆盖面积的 4.9%。黄土高原为我国四大高原之一，是中华民族的发祥地之一，也是地球上分布最集中且面积最大的黄土区。

　　黄土高原地处干旱-半干旱地区，因"风积"形成的地貌本来地势平缓，后期因气候变化导致土壤侵蚀加剧，水土流失严重，形成了当今千沟万壑的特殊地貌形态。一方面，这种地貌形态中可供利用的农业用地和城市建设用地非常少，用地只能沿沟谷河道和山坡发展；另一方面，这种地貌形态的地质生态环境十分脆弱，滑坡、崩塌灾害频发，给当地的工农业生产以及人民的生命财产安全带来巨大的威胁。

　　20 世纪 60 年代中期，在陕西延安地区，当地群众创造性地在黄土沟道的中下游相对宽阔处打坝，拦截上游雨洪自然冲刷下来的泥沙形成"淤地坝"，当淤地达到一定高度，形成一定的平地后就改造成农田，同时在一侧挖壕修渠排洪。这就是有名的沟道造地的淤地坝方法。近年来，当地群众又创造一种小流域"治沟造地"方法，即在流域的宽阔部位削斩山脚边坡，取土填沟、筑坝，辅以排洪渠和边坡生态治理等措施，建造良田。事实证明，这种治沟造地方法，有利于水土保持、改善生态环境、发展现代农业。

　　为扩展城镇化建设用地，可将这种小流域治沟造地方法扩大到数条沟道，削山头、填沟壑、平高差，建造人工小平原，形成城市建设用地，但这种方法相较农业治沟造地而言，有几点显著的差别：一是挖填方高差大，土方工程量巨大，要形成高填方工程；二是对填土压实的要求高，必须是压实填土，要形成稳定的填土地基；三是挖排洪渠已不现实，必须解决好地下水的排泄问题。

　　延安城区位于陕北黄土高原沟壑区，随着经济社会的发展，城市发展空间不足的矛盾十分突出，实现老区人民的安居梦成为亟须破解的难题。2011 年，在科学论证的基础上，延安市决定在紧邻城区的桥沟流域，通过工程技术手段，在黄土沟壑区造地，建设延安新区。延安新区工程是国内黄土地区填沟造地建城规模最大的高填方工程，存在大量前所未有的技术难题，其中主要的技术难题有两个。一是高填方场地变形的规律与预测。最大填方厚度超过 100m，总沉降和差异沉降都比较大，如何预测、控制？工后沉降何时才能达到建设标准？二是地下水的疏导与控制。挖填造地改变了地貌形态，如不给地下水出路，水位必定上升，在黄土填筑体内形成新的水体而影响工程安全。如何控制、疏导？

为解决这些难题，将工程技术风险降到最低，保障延安新区建设顺利进行，国家科学技术部于2013年2月将延安新区工程造地列为"十二五"国家科技支撑计划项目，项目名称为"黄土丘陵沟壑区（延安新区）工程建设关键技术研究与示范"（项目编号：2013BAJ06B00）。该项目包括5个子课题，其中子课题二为"黄土高填方沉降分析与变形预测技术研究"（课题编号：2013BAJ06B02），课题于2016年6月通过验收。

本书即是该课题研究成果的总结，主要内容包括以下5个方面。

（1）总结延安新区工程地质和水文地质条件，包括对工程场地的综合地质条件评价，判定场地稳定性，获取详细的工程地质、水文地质参数，为岩土工程设计和确定合理的施工工艺等提供依据。

（2）介绍黄土高填方工程的建设思路和工程造地技术，提出通过场地综合地质条件评价、土方平衡优化、地下盲沟排水、原场地强夯加固处理、填筑体压（夯）实处理、挖填边坡防护处理、岩土工程全程监测等多种手段有效组合，解决黄土高填方工程问题的具体思路和方法，相关经验也可供类似工程借鉴。

（3）创建黄土高填方工程离心模型试验成套技术与分析方法，包括提出原场地沟谷特征模拟、填土施工过程模拟、地下水位变动及降水入渗增湿模拟等系列方法，并通过离心模型试验揭示沟谷刚度、沟谷地形、填土厚度、压实系数、填土增湿等对黄土高填方场地沉降变形的影响规律、方式和程度，实现百米级黄土高填方场地变形特征由定性判断到定量描述的跨越。

（4）揭示黄土高填方场地沉降变形的时空变化规律、形成机制和主要影响因素，实证"土拱效应"及其对土体内部沉降的影响规律，揭示浸水作用下压实黄土的强度与变形特征及其演化规律，系统建立施工期填筑体、原场地的沉降变形与填土厚度、原场地土层厚度的经验关系，可指导高填方工程地势与沉降补偿设计、地基处理措施的制定。

（5）提出黄土高填方场地工后沉降预测的新模型与方法，包括构建预测黄土填方场地长期变形的压实黄土时效变形模型，发展基于施工期沉降数据的工后沉降反演预测方法，提出收敛型和发散型两种回归参数预测新模型，发明基于卡尔曼滤波与指数平滑法融合模型的工后沉降预测新方法，建立黄土高填方场地工后沉降组合预测方法，解决黄土高填方场地工后沉降预测和稳定性评估的难题。

本书成果是各方面大力支持的结果。首先感谢延安市新区管理委员会历任领导对本课题的大力支持！特别要感谢延安市新区管理委员会副主任兼总工程师高建中教授级高级工程师的鼎力支持和全程指导！

感谢课题合作研究单位西安理工大学的李宁教授、朱才辉副教授、葛苗苗博士为本课题研究所做的贡献！

　　感谢参加延安新区项目的机械工业勘察设计研究院有限公司的各位同事！本书是在国家科技支撑计划项目和延安新区工程实践的基础上总结凝练而成，研究成果汇集了多人的辛勤劳动，除本书作者外，还有张苏民、张炜、张继文、夏玉云、张瑞松、梁小龙、王勇华、杜伟飞、刘争宏、蔡怀恩、王建业、李攀、梁谊、何建东、张芳、张晓东、唐辉、丁吉峰、卜崇鹏、王明皎、刘智、张斌、张昌军、赵海圆、徐传召、郭青峰、齐二恒、王婷、黄鑫、朱建民等为本书内容做了大量工作。在此，特向他们致以诚挚的谢意！

目　　录

第1章 绪 论

1.1 研究背景及意义

我国是一个山区及丘陵地区面积较大的国家，该类地区的显著特点是地形起伏、平地较少，普遍面临建设用地紧张的难题。受地形和空间的限制，西部地区位于黄土丘陵沟壑区的一些城市，中心主城区只能沿狭长的河谷地带布局。随着经济社会快速发展和城镇化进程的深入推进，城市建设发展与旧址、遗址保护的矛盾日益凸显，交通拥堵、城景争地、城乡统筹所必需的城市空间不足等矛盾十分突出。如何寻找可用于工程建设的土地资源，已经成为西部地区城市发展和城镇化建设所面临的难题之一。

为了拓展城市空间，增加工程建设用地，近年来以延安、兰州等为代表的"川谷型"城市，尝试利用城市周边的低丘缓坡，采取了"削峁填沟"方式造地，实施了挖填交替、方量巨大的黄土高填方工程，一些工程的填方厚度达几十米甚至上百米。由于地处湿陷性黄土地区，工程地质条件和水文地质条件十分复杂，湿陷性黄土具有特殊的结构特征和工程特性，同时又具有高填方、超大土石方量、建设环境复杂和相互影响因素多等特点，加之受降水入渗、水位变动等不利条件影响，黄土高填方场地的沉降与不均匀沉降问题十分突出。

黄土高填方场地过大的沉降及不均匀沉降会在后续工程建设中引起一系列工程问题。例如，在市政道路工程中，会造成路面的高低不平或路面开裂，影响其使用；在市政管线工程中，会导致供水、排水、供热和供气管线的断裂、渗漏，诱发地面塌陷等系列次生事故；在房屋建筑工程中，会引起房屋建筑的开裂、倾斜，严重时甚至无法纠偏修复，造成巨大经济损失。若要避免或减少上述工程问题的出现，就必须掌握黄土高填方场地的沉降变形规律及其影响因素，准确预测工后沉降，从而指导施工期高填方场地处理措施的制定、地势和土方平衡设计，还将为后期建（构）筑物的合理规划布局和确定合理的后续地面工程建设时机提供依据。此外，开展黄土高填方场地的沉降变形规律及工后沉降预测技术研究，总结黄土高填方工程的建设经验，将为类似黄土高填方工程的建设和使用提供借鉴与指导。

1.2　研究现状及存在的问题

国外大面积高填方工程少，没有系统的研究成果可供借鉴。国内学者在公路和铁路工程领域，对填方路堤做过较为系统的研究，一些成果已编入相关标准或规范，指导了工程实践。填方路堤属于"线性"工程，其填方的厚度及平面范围远小于开发城市建设用地的"面状"高填方工程。水利水电工程领域对土石坝和堤防工程的研究较为深入。为了保证坝体安全，土石坝在选址时会尽量避开不良地质条件场地，坝址范围相对集中，可根据需要调配土石填料的级配，原场地主要为基岩；而高填方工程的场地范围大，常难以避免不良地质条件，场区常跨越多个地质单元，填料就地取材，级配不易控制，原场地常有深厚土层。因此，二者在场地选址、地质环境和填筑材料等方面存在明显差异。近年来，我国在中西部地区实施的机场高填方工程常采取顺坡填筑，而开发城市建设用地的高填方工程常采取削峁填沟造地，二者在平整范围和使用条件等方面均有所不同，场地应力分布、变形特征和地下水变化等方面均有差异。国内外对高填方工程的变形研究主要涉及试验模拟、原位监测和预测分析等方面，相关研究现状简要总结如下。

1.2.1　试验模拟研究

1. 土工离心模型试验

普通物理模型试验首先将原型按一定的比例缩小制成模型，在正常重力加速度（$1g$）条件下进行试验，然后根据模型试验观测结果推算到原型。这种试验虽然直观且测量简单，但模型与原型各对应点的应力水平（重力）不相似却是一个难以克服的问题，尤其对以自重应力为主导因素的高填方工程，很难真实地反映原型的变化规律。离心模型试验正是基于这个要求而发展起来的一种新的研究手段，其最大特点是能够有效地实现模型与原型之间的重力相似性。一些学者将离心模型试验用于高填方场地的沉降变形规律研究，取得了一批有价值的研究成果并指导了工程实践。

刘宏等[1-2]利用离心模型试验技术，采用等应力局部模型设计方案，以剔除法和等量代替法配制填料，以等效法模拟软弱地基的强夯处理，并以增大离心加速度的方法模拟九寨黄龙机场填筑加载过程，揭示了高填方场地的总体沉降具有"沉降大、压实快"的特征；梅源等[3]采用离心模型试验技术，系统模拟了黄土深堑超高填方场地，在天然含水率及饱和状态下，施工期及工后期的沉降变形规律；蒋洋等[4]通过离心模型试验，研究了干密度、含水率、粒径含量对高填方路堤沉降变形的影响规律，揭示了路堤垂直沉降总体趋势是随深度增加而递减，在含水率和干密度相同的条件下，路堤最大沉降量出现在 P_5（大于 0.5 mm 的颗粒含量）达到 65%左右；张军辉等[5]研究了河池机场填石高填方场地的工后沉降，结果显示模型试验与现场监测结果的一致性较好，不同填料土基道肩沉降均大于场道中心，土基顶面呈马鞍形分布，试验结束时土基顶面、坡面未出现裂缝；黄涛等[6]对采用强夯处理的某机场高填方场地进行了模拟，结果显示强夯法可用于控制丘陵山区高填方场地的不均匀沉降；孟庆山等[7]对采取提高填料压实系数和石灰改性措施的高速公路拓宽工程高填方路段新老路堤拼接后的协调变形规律和效果进行了研究，与实测沉降的对比结果表明，离心模型试验能够反映原型施工工况效果；李天斌等[8]再现了攀枝花机场采用预加固抗滑桩的高填方边坡的滑动失稳过程，获得了边坡变形破裂的特征参量，揭示了边坡在天然、降水和地下水变动工况下变形状态及滑动失稳机制；刘守华等[9]在 $400g\cdot t$ 大型土工离心机上对厚度为 57～85m 高填方场地的沉降变形特性进行模拟，预测了该场地 72 个月（包括施工期 38 个月）沉降变形；孙晨等[10]将数值分析与离心模型试验结合，分析了重庆机场高填方场地的沉降变形基本特征，结果表明填筑体沉降的整体趋势是随深度增大而减小，总沉降呈现中部大、两侧小的一般规律。

综上所述，现有关于高填方离心模型试验的研究成果主要集中在机场跑道、路堤等"线性"高填方工程中，在开发城市建设用地的"面状"高填方工程中，考虑工程条件、材料性质和模拟工况进行模型设计和试验模拟的研究较少。此外，关于沟谷刚度、沟谷形状、填土厚度、压实系数、填土增湿等因素对高填方场地沉降变形的影响规律缺乏系统性研究成果。

2. 数值模拟分析

数值模拟方法是研究岩土体变形与稳定性的常用手段，地基沉降计算的数值方法就是基于单元划分、程序计算的数值分析方法，且随着计算机技术的发展，数值分析方法日趋成熟。岩土工程中常用的数值分析方法包括有限单元法（finite element method，FEM）、边界单元法（boundary element method，BEM）、有限差分法（finite difference method，FDM）、离散单元法（distinct element method，DEM）和快速拉格朗日差分分析法（fast Lagrangian analysis of continua，FLAC）。目前应用于地基沉降计算的常用数值分析方法主要有快速拉格朗日差分分析法和有限单元法。

朱才辉[11]等基于室内压实黄土蠕变试验修正了伯格斯（Burgers）模型，将其引入 FLAC 3D 软件中，分析了压实系数、含水率控制标准和不同地基处理方案下，高填方场地工后沉降的敏感性，发现当原场地土层深厚时，对原场地进行处理是控制工后沉降的首要因素；李秀珍等[12]采用 FLAC 3D 软件模拟了九寨黄龙高填方机场元山子沟的施工过程，对高填方场地的沉降进行了定量分析和评价；张豫川等[13]采用 FLAC 3D 软件，基于黄土蠕变试验参数，计算了兰州某黄土高填方场地的沉降变形，研究成果为土方填筑施工提供了指导；李群善[14]运用 FLAC 3D 软件对西南某工程高填方路基的施工过程进行模拟，对路基变形给出定量的分析评价；葛苗苗等[15]将 FEM 数值计算方法与分层迭代反演方法相结合，对黄土高填方场地的工后沉降进行反演预测，发现二者结合后能更精确地反映施工加载对填土变形参数的影响；王家全等[16]采用三维薄膜单元模拟土工格栅的立体加筋性能，建立三维弹塑性模型，并基于参数的敏感性分析，揭示了高填方加宽路堤的变形规律；程辉等[17]利用 FLAC 3D 软件研究了陕北某高填方场地的动力响应特征，模拟结果表明在自重应力及地震动力作用下，高填方场地的应力区域分布呈现较大差异，其中在原场地地形坡度较大的区域承受土体应力相对集中，更易发生破坏；董琪等[18]采用 Midas/GTS 有限元软件对梁峁区某黄土高填方场地的变形规律进行了数值模拟，分析了高填方场地的最终沉降量，研究了上部结构作用与地基变形的关系，并提出了地基二次处理的控制指标；陈阳等[19]采用数值模拟方法研究了填料为冰硫土的机场高填方场地沉降变形规律，计算了场地变形和沉降坡度，模拟结果与实测值基本一致；刘忠等[20]基于弹塑性模型，采用 Geostudio 软件建立计算模型，计算了昆明新机场高填方场地沉降变形，为设计和施工提供了参考；满立等[21]基于莫尔-库仑（Mohr-Coulomb）模型，采用基于滑面应力分析的有限单元法，结合原位监测数据，对西南某机场高填方场地的变形及稳定性进行了二维数值模拟，模拟结果与实测结果较为接近。

目前，人们对非饱和土固结压缩过程的认识仍不充分、不全面，基于现有固结理论建立的本构模型仍存在着较多的缺陷。同时，有限单元法和其他数值方法都依赖于计算参数的准确性，这些参数需要借助室内试验获得。由于土样在取土、运输过程中的扰动，现场和试验两者边界条件的差异，以及地层分布的不均匀性和地层参数的离散性，由室内试验测定的参数往往与实际值存在差异。因此，基于理论方法的变形计算值往往与实测值差异较大。

1.2.2　原位监测研究

原位监测是研究高填方工程变形与稳定状态最直接、最有说服力的方法之一，但由于全方位监测耗资巨大，且受施工等干扰因素较多，对监测元件的成活率和现场长期维护要求高，因此仅应用于较少的重点工程。国内学者基于重大高填方工程的原位监测资料，分析了高填方场地的沉降变形规律，初步取得了一些研究成果。

刘宏等[22]对九寨黄龙机场 104m 高填方场地的典型区域进行了原位监测，发现原场地和填筑体的沉降过程分别是软弱土较为缓慢的排水固结过程和非饱和上覆荷载作用下的快速自重压密过程；刘桂琴[23]基于贵阳龙洞堡机场扩建工程高填方场地为期 1.5a 的监测资料，发现填筑体下伏地层的过大沉降兼水平滑移是高填方场地变形破坏的主要原因；杨校辉[24]通过对陇南成州民用机场高填方场地填方加载期和加载完成后两个阶段的沉降变形监测，发现加载期沉降速率随填土速率呈指数型增长；邢国耀[25]通过对某机场黄土高填方场地的沉降监测数据分析，发现该工程的沉降变形具有瞬时沉降大、发展快，后期固结与次固结沉降比重小、发展慢、持时长等特点，且最大沉降发生在填方厚度最大区域；朱才辉等[26]通过吕梁机场黄土高填方场地变形监测数据与电阻率模型的交叉验证，发现原场地及填方顶面下 2m 土体的固结变形及深部填筑体的蠕变变形是工后沉降的主要组成部分；狄宇天[27]通过某高速铁路黄土高填方站台的实测沉降监测数据，发现站台沉降-时间关系曲线符合双曲线模型，提出了挤密生石灰水泥土桩和干拌水泥砂桩两种工程处置措施；罗汀等[28]对承德机场高填方场地的工后沉降进行了原位监测，分析了填筑高度对工后沉降变形的影响规律，计算了工后沉降速率并预测了工后沉降达到稳定所需时间。

原位监测的目的是得到高填方场地的沉降控制指标并服务于工后沉降预测，目前系统的原位监测资料较少，在非饱和粗（巨）粒土的沉降计算上，仅有少数的经验公式[29]，如德国和日本的工后沉降计算公式（1-2-1）、劳顿（Lauden）和列斯特（Leest）公式（1-2-2）、顾慰兹公式（1-2-3）。

$$S = H^2 / 3000 \qquad (1-2-1)$$
$$S = 0.001H^{3/2} \qquad (1-2-2)$$

式中：S 为路堤的工后沉降量（m）；H 为路堤高度（m）。

$$S_t = kH^n e^{-m/t} \qquad (1-2-3)$$

式中：S_t 为 t 时刻的填方地基沉降量（m）；k、n、m 是经验系数，按表 1-2-1 取值；H 为填方厚度（m）；t 为时间（a）。

表 1-2-1 顾慰兹公式经验系数取值

坝型	k	n	m
面板坝	0.004331	1.2045	1.746
斜墙坝	0.0098	1.0148	1.4755
心墙坝	0.016	0.876	1.0932

由于式（1-2-1）～式（1-2-3）中仅考虑了填筑高度（填方厚度）这一因素，而未考虑填料的变形模量和工程加载速率等因素，因此其结果十分粗略。例如，在龙洞堡机场和大理机场高填方场地沉降分析中，式（1-2-1）～式（1-2-3）的计算值与实测值相差甚远。

谢春庆[30]对贵州龙洞堡机场和云南大理机场高填方场地的沉降观测资料进行系统研究之后，提出了高填方场地的工后沉降估算公式:

$$S = H^2 / \sqrt[3]{E^2} \qquad (1\text{-}2\text{-}4)$$

式中：E 为地基土变形模量（MPa）；H 为填土厚度（m）。

综上所述，现有高填方工程沉降变形监测资料，主要集中在高填方路堤、土石坝等"线性"工程中，且以粗粒料填方工程较为多见，黄土高填方工程监测内容偏少，且主要为竣工后的沉降数据，鲜有施工阶段的原位监测资料；此外，基于原位监测数据建立的经验公式适用性还有待于更多工程的进一步验证；在沟谷地形中为开发城市建设用地而开展的"面状"黄土高填方工程近年才逐渐增多，此前因缺乏系统完整（施工期+工后期）的原位监测资料，导致工程界和学术界对黄土高填方场地沉降变形的时空演化规律缺乏深入认识。

1.2.3 沉降预测研究

1. 基于理论模型的方法

通常由附加应力引起的地基沉降，可由分层总和法来计算压缩层范围内的总沉降量，用太沙基固结理论来计算不同时间的沉降量。但是，对于填筑体的自身瞬时压缩变形和不同时间的压缩变形计算，目前还没有通行的方法。总的来说，填筑体自身沉降的各种计算方法还处于探索阶段，需要经过工程的实践检验来对其进一步完善和规范[31]。现有地基沉降计算方法如表 1-2-2 所示。

表 1-2-2　地基沉降计算方法总结

计算方法	计算公式	说明
分层总和法	$S = \sum_{i=1}^{n} \dfrac{\bar{\sigma}_{zi}}{E_{si}} h_i = \sum_{i=1}^{n} \left(\dfrac{\alpha_i}{1+e_{1i}} \right) \bar{\sigma}_{zi} h_i = \sum_{i=1}^{n} \left(\dfrac{e_{1i} - e_{2i}}{1+e_{1i}} \right) h_i$	利用室内压缩试验 e-p 曲线确定压缩模量 E_s 和压缩系数 α。 S 为地基沉降量（m）； $\bar{\sigma}_{zi}$ 为第 i 分层平均附加应力（MPa）； E_{si} 为第 i 分层压缩模量（MPa）； h_i 为第 i 分层厚度（m）； α_i 为第 i 分层压缩系数； e_{1i} 为第 i 分层自重压力对应的孔隙比； e_{2i} 为第 i 分层自重压力与附加压力之和对应的孔隙比
经验系数法	$S = \sum_{i=1}^{n} m_s \Delta S_i$	m_s 为与土质有关的沉降计算经验系数； ΔS_i 为第 i 分层土体的沉降量（m）； S 为地基沉降量（m）

续表

计算方法	计算公式	说明
考虑不同时段的影响	瞬时沉降量（弹性理论）：$S_d = \dfrac{pb(1-\mu^2)\omega}{E_0}$ 固结沉降量：$S_c = \sum\limits_{i=1}^{n}\left(\dfrac{\alpha_i}{1+e_1}\right)\bar{\sigma}_{zi}h_i$ 或 $S_c = \sum\limits_{i=1}^{n}\left(\dfrac{\alpha_i\sigma_{1i}}{1+e_{1i}}\right)\left[A + \dfrac{\sigma_{3i}}{\sigma_{1i}}(1-A)\right]h_i$ 次固结沉降量：$S_s = \sum\limits_{i=1}^{n}\dfrac{C_{\alpha i}}{1+e_{1i}}\lg\left(\dfrac{t_2}{t_1}\right)h_i$ 总沉降量：$S = S_d + S_c + S_s$	A 为孔隙压力系数； S_d 为瞬时沉降量（m）； S_c 为固结沉降量（m）； S_s 为次固结沉降量（m）； E_0 为变形模量（MPa）； t_1、t_2 分别为排水固结所需时间及所求次固结沉降的时间（s）； ω 为沉降影响系数，与基础的刚度、形状和计算点的取值有关； b 为矩形基础宽度或圆形基础直径（m）； σ_{1i} 为第 i 层三轴压缩试验条件下大主应力（MPa）； σ_{3i} 为第 i 层三轴压缩试验条件下小主应力（MPa）； $C_{\alpha i}$ 为第 i 分层次固结系数； e_{1i} 为第 i 分层自重压力对应的孔隙比； p 为基底压力（MPa）； μ 为泊松比； α_i 为第 i 分层压缩系数（MPa^{-1}）； $\bar{\sigma}_{zi}$ 为第 i 分层平均附加应力（MPa）
考虑应力历史的影响	正常固结土，当 $P_0 = P_c$ 时： $S = \sum\limits_{i=1}^{n}\dfrac{\Delta h_i}{1+e_{0i}}C_{ci}\lg\left(\dfrac{p_{0i}+\Delta p_i}{p_{0i}}\right)$ 超固结土，当 $P_0 + \Delta p \leqslant P_c$ 时： $S = \sum\limits_{i=1}^{n}\dfrac{\Delta h_i}{1+e_{0i}}C_{si}\lg\left(\dfrac{p_{0i}+\Delta p_i}{p_{0i}}\right)$ 超固结土，当 $P_0 + \Delta p > P_c$ 时： $S = \sum\limits_{i=1}^{n}\dfrac{\Delta h_i}{1+e_{0i}}\left[C_{si}\lg\left(\dfrac{p_{ci}}{p_{0i}}\right) + C_{ci}\lg\left(\dfrac{p_{0i}+\Delta p_i}{p_{0i}}\right)\right]$ 欠固结土：$S_c = \sum\limits_{i=1}^{n}\dfrac{\Delta h_i}{1+e_{0i}}C_{ci}\lg\left(\dfrac{p_{0i}+\sum p_i}{p_{0i}}\right)$	P_0 为初始压力（MPa）； P_c 为先期固结压（MPa）； Δp 为附加压力（MPa）； p_{0i} 为第 i 分层的初始压力（MPa）； p_{ci} 为第 i 分层的先期固结压力（MPa）； C_{ci} 为第 i 分层的压缩指数； C_{si} 为第 i 分层的回弹指数； S 为地基沉降量（m）； Δp_i 为第 i 分层附加压力（MPa）； e_{0i} 为第 i 分层的初始孔隙比； Δh_i 为第 i 分层的厚度（m）
三维弹性理论	黄文熙： $S = \sum\left\{\dfrac{1}{1-2\mu}\left[\dfrac{(1+\mu)\sigma_z}{\sigma_x+\sigma_y+\sigma_z} - \mu\right]\dfrac{e_1-e_2}{1+e_1}\Delta h\right\}$ 魏汝龙： $S = \sum\left\{\dfrac{1-\mu}{1-2\mu}\left[1 - \dfrac{\mu}{1+\mu}\dfrac{\sigma_x+\sigma_y+\sigma_z}{\sigma_z}\right]\dfrac{e_1-e_2}{1+e_1}\Delta h\right\}$	S 为地基沉降量（m）； σ_x 为 X 轴方向附加正应力（kPa）； σ_Y 为 Y 轴方向附加正应力（kPa）； σ_z 为 Z 轴方向附加正应力（kPa）； Δh 为第 i 分层厚度（m）； e_1 为土体初始孔隙比； e_2 为土体压缩后孔隙比； μ 为泊松比

　　在填方场地的沉降量计算中，根据土力学相关概念，认为土体的沉降变形主要是土体内部孔隙水或孔隙气的排出及水和气相互作用，以及土体颗粒发生破坏

的弹塑性或黏弹塑性变形。根据土的饱和程度大体可分为饱和土的固结理论和非饱和土的固结理论，目前饱和土的固结理论已经取得了较为丰富的研究成果，在工程中也得到了较为广泛的应用，但对于非饱和土的固结理论目前仍处在理论研究中，尚难以用于实际工程中。

地基沉降的理论计算方法是指通过固结理论，结合岩土本构模型，计算地基沉降量。目前我国在高填方工程设计中仍多采用分层总和法计算地基沉降量，该方法属于半理论与半经验方法，因计算模型假定和参数取值等原因带来误差，尚需通过大量实测数据统计出修正系数对沉降计算值进行修正。

曹喜仁等[32-34]采用分层总和法、考虑高填石（高应力水平下）非线性性质和实际应力的路径法、考虑剪切变形和压缩变形修正的邓肯-张模型法，对高填石路堤的沉降变形进行分析和计算，并提出了高填石路堤工后沉降的具体计算方法。由于地基沉降变形是荷载与时间的函数，一些工程的工后沉降历时曲线与衰减型蠕变曲线的特征相似，为此一些学者尝试按照蠕变的思路，根据沉降与荷载、时间之间的相关关系，建立各类蠕变模型，用于预测地基沉降量[35-37]。例如，曹光栩等[38]在山区机场高填方场地的工后沉降变形计算中，提出了可以考虑施工加载过程原场地软弱土层的沉降变形和计算粗粒料填筑体长期蠕变变形的简化计算方法；曹文贵等[39]结合高填石路堤工后沉降变形机理与工程特点，提出了高填石路堤工后沉降蠕变变形的双曲线型三参数本构模型；宋二祥等[40]针对大面积填方问题提出了一个考虑蠕变过程中荷载变化的沉降计算方法，并结合室内干湿循环试验成果，提出了能考虑当地下水情况的蠕变变形与干湿循环变形的耦合计算方法；姚仰平等[41-43]通过分析蠕变对超固结程度的影响，基于瞬时正常压缩曲线，建立考虑时间效应的统一硬化（unified hardening，UH）模型并将其三维化，此外，基于考虑时间效应的统一硬化模型，建立了可以同时考虑时间和应力历史影响的高填方场地一维蠕变沉降计算方法；张院生等[44]采用 Burgers 模型对矿山排土场散粒体减速蠕变和等速蠕变阶段进行描述，将排土场进行分层处理，分别采用定常和非定常 Burgers 蠕变模型推导出了排土场施工期沉降和工后期沉降的计算公式。

综上所述，高填方场地的沉降变形计算仍沿用传统岩土力学理论和方法，一般将大面积填方看成各向均质体进行简化计算，实际上黄土高填方场地的沉降组成复杂，包括有效应力改变引起的沉降变形、土中水分场迁移引起的增（减）湿变形以及时间延长引起的蠕变变形等，各因素对沉降的影响很难采用某一确定性的理论模型定量地评价和计算，现有本构模型的简化假定与实际工程常存在一定差别。与此同时，理论模型尚存在参数获取困难、变异性大、难以准确测定等问题，很难准确地计算高填方场地的工后沉降。此外，填筑体一般是由非饱和土分层填筑而成的，工程界亟须研究出适合沟谷地形中高填方场地在高应力场和干湿变化条件下，工后长期沉降变形的计算理论和实用计算方法，用于指导工程设计与施工。

2. 基于实测数据的预测方法

基于实测数据的预测方法是指根据前期实测沉降资料，假定沉降服从某一数学模型，然后利用现有沉降数据确定模型中的待定参数，再对未来一段时间的沉降量或最终沉降量进行预测的方法，如回归参数模型法、灰色理论预测法、神经网络预测法、数值反演分析法等。长期以来，人们根据现场实测的沉降规律研究提出了最终沉降量估算的各种不同方法。在回归参数模型方面，一些学者采用幂函数模型、双曲线模型、对数函数模型等，对机场高填方场地[45-46]、高填方路堤[47-49]的工后沉降进行预测，并遴选出适合特定高填方工程的预测模型。这些工程预测方法虽然较为简单可行，但对前期监测数据的稳定性、可靠性和数据量依赖程度较高，不同时间点所获得的预测结果往往存在一定差异。此外，现有沉降预测方法主要集中在静态数据预测，对于动态数据预测中存在的沉降数据降噪、异常数据识别、模型参数自适应、动态快速预测等问题缺乏研究。

1.3　主要研究内容

本书依托延安新区综合开发工程和"十二五"国家科技支撑计划项目"黄土丘陵沟壑区（延安新区）工程建设关键技术研究与示范"子课题二"黄土高填方沉降分析与变形预测技术研究"，围绕黄土高填方场地的变形问题，开展了以下工作。

（1）收集依托工程的工程地质、水文地质和气象环境等资料，分析工程场地的地形地貌、地质构造、地层岩性和地下水补径排特征等，为后续高填方工程措施制定、离心模型试验和场地变形监测等提供基础地质资料。

（2）依据实际工程地质条件和依托工程建设需求，确定黄土高填方工程设计参数与施工工艺，对黄土高填方工程的设计思路和场地建设经验进行系统总结，为后期类似工程建设提供借鉴，以确保黄土高填方工程的质量与用地安全。

（3）根据工程地质条件、工程设计资料，概化工程模型，简化边界条件，采用离心模型试验，模拟分析不同影响因素对黄土高填方场地变形的影响规律，并总结形成了黄土高填方工程的离心模型试验方法。

（4）开展室内高压固结蠕变试验，分析压实系数、含水率及固结应力对黄土次固结特性的影响，建立了一种考虑黄土时效变形特性的沉降预测模型，并结合数值模拟提出黄土高填方场地沉降的反演分析方法。

（5）在依托工程试验场地内建立黄土高填方场地变形监测系统，基于现场变形和应力实测数据，分析黄土高填方场地沉降变形的时空变化规律与演化趋势，探讨黄土高填方场地沉降变形特征的成因机制。

（6）从监测阶段、监测数据的数量和质量角度出发，针对具有施工期完整分层沉降数据、工后沉降数据较少、工后沉降数据充足和工后沉降部分数据含有"小量级、大波动"噪声四种工况，提出多种黄土高填方场地工后沉降的预测方法。

第2章　研究区地质条件

我国西部丘陵沟壑区为开发城市用地而实施的大面积黄土高填方工程，往往具有复杂的地质条件，为了满足黄土高填方工程的竖向设计、土方平衡、原场地处理、土方填筑、排水、边坡等设计要求，需查明场区的地形地貌、地质构造、地层岩性、气象与水文地质条件，特别是特殊岩土、不良地质体的分布情况等，对场地内环境工程地质条件、地质灾害进行调查、预测与评价，并提出有关工程处理措施建议。

本章对依托工程建设区域的地质条件进行了研究，分别就地形地貌、地质构造、地层岩性、气象与水文地质条件等进行了分析，并开展了工程地质评价，为后续工程设计、模型试验、反演分析和原位监测等工作内容的开展提供了基础性的地质资料与岩土参数。

2.1　工　程　概　况

延安地处黄土丘陵沟壑区，中心城区沿河谷两岸布局，属于典型的"川谷型"城市（图 2-1-1），随着社会经济发展，建设用地紧缺问题日益凸显，突出表现在以下四个方面：一是人口、建筑密度过高，人口聚集与用地矛盾突出；二是革命旧址被城市建筑严重挤压或蚕食；三是山体居民点存在严重地质滑坡灾害隐患，下山安居迫在眉睫；四是基础设施建设严重滞后，支撑红色旅游发展的载体功能极不完善。为此，延安市提出了"中疏外扩、上山建城"的城市发展战略，利用老城区周边的荒山缓坡开发建设用地。

2011 年，在多方论证的基础上，延安市确定在紧邻城区的桥沟流域，通过挖填造地方式开发建设用地，建设延安新区。延安新区是延安市上山建城，拓展城市发展空间，实施"中疏外扩"城市发展战略的重大举措。

延安新区位于清凉山北部，群山环绕，面向延河，眺望宝塔。自 2012 年 4 月开工以来，已完成造地 21km²，图 2-1-2 为延安新区地貌的演变过程。

图 2-1-1　延安主城区鸟瞰图

（a）造地过程中的地貌

（b）造地工程竣工后的地貌

（c）建设中的延安新区

（d）建成后的延安新区

图 2-1-2　延安新区地貌的演变过程

　　工程采取"大平小不平"的场地平整设计原则，建成后的全区总体地势由西北至东南逐渐降低，南端造地高程控制在 1070～1120m，南北方向整体坡度控制在 1%～2%，在控制线主沟东西两侧，地势逐渐抬高，两侧挖方区坡度控制在 1%～

3%，核心地段按 1.0%～1.5%考虑，局部控制在 5%以内[50-52]。

　　考虑到黄土高填方场地的沉降与不均匀沉降是工程关注的重点问题，需要通过原位监测了解和掌握沉降变形的时空规律与发展趋势。因此，与工程建设同步在两个重点区域开展试验性研究与监测工作。试验场地I位于桥沟"锁口坝"边坡后缘，面积约 0.21km²，根据竣工后的地面高程和原始高程测算，试验场地的最大填方厚度约 112m。试验场地II位于十里铺沟主沟上游和支沟关路沟内，试验区面积约0.47km²，根据竣工后的地面高程和原场地高程测算，最大填方厚度约 74.0m。

2.2　地　形　地　貌

　　工程场地主要位于延安市桥沟流域，原始场地地形、地貌分别如图 2-2-1 和图 2-2-2 所示[53]，总体上由西北向东南逐渐降低，主沟（桥沟）为向东南开口的谷状地形。原始地貌主要受到大地构造影响，地貌类型基本分为堆积地貌、剥蚀侵蚀地貌等[54-55]。堆积地貌主要分布在梁峁区，梁峁区海拔较高，边坡较陡，局部接近 90°，坡高平均为 100～150m；剥蚀侵蚀地貌分布在沟谷和河谷中，桥沟及各支沟呈带状分布，上游窄、下游宽，沟谷多发育为"V"形，部分"U"形是人类活动改造而成，沟谷切割边坡角度为 30°～40°，局部近 90°。

图 2-2-1　延安新区原始场地地形

图 2-2-2　延安新区原始场地地貌

2.3　地　质　构　造

延安属华北陆台鄂尔多斯地台的一部分，亦称陕北构造盆地。延安市周边的地质构造，盆地东、南界是山西台背斜（吕梁山及渭北北山），西接贺兰山台向斜，北抵内蒙古台背斜（阴山山脉）。新构造运动主要为地壳间歇性的抬升运动，表现为延河及其支流的强烈下切，河谷两侧出露大片基岩，并在斜坡下部形成高 20～30m 的陡坎、悬崖等微地貌。同时，在河流两侧形成 1～2 级侵蚀堆积阶地，凸岸阶地保存相对完整，凹岸则很少，而在侵蚀岸一侧仅保留部分高漫滩和窄条带状一级阶地。

延安没有中生代以前生成的老岩系出露，主要是中生界的沉积岩系，岩层自东向西由老而新，走向一般呈南北向或略呈东北向，岩层一致向西倾斜，倾角极缓，约 1°～3°，在延安附近岩层近于水平，局部地区有轻微波折的现象。新近系岩层呈不整合或假整合于中生界之上。第四系的冲洪积堆积层和黄土岩系深厚、广泛地覆盖于整个市境的老岩层之上。岩层露头只出现于深切河谷或曾受到强烈剥蚀的山岭地区。

根据已有区域地质资料及野外调查结果，在场地范围内无褶皱和断裂发育。在场地西侧约 4km 处通过的延安隐伏断裂（F108）走向北西，长约 70km，属非全新活动断裂，可不考虑其影响。工程场地内，桥沟沟谷两侧及上游分水岭一带基岩顶面相对为高地，顶面高程为 1000～1100m。桥沟、尹家沟及其支沟中受河流切割影响，形成凹槽，基岩面高程为 960～1000m。

2.4　地　层　岩　性

工程场地地层按沉积顺序由老到新依次为侏罗系（J）、新近系（N）和第四系（Q），区域典型地层剖面图及延安新区及周边区域地质图如图 2-4-1 和图 2-4-2 所示，地质综合柱状图如图 2-4-3 所示[56-57]。

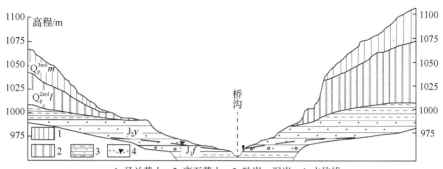

1. 马兰黄土；2. 离石黄土；3. 砂岩、泥岩；4. 水位线。

（a）桥沟下游地质剖面图

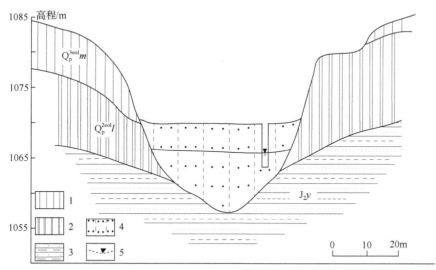

1. 马兰黄土；2. 离石黄土；3. 砂岩、泥岩；4. 粉土（淤积土）；5. 水位线。

（b）桥沟上游地质剖面图

图 2-4-1　区域典型地质剖面图

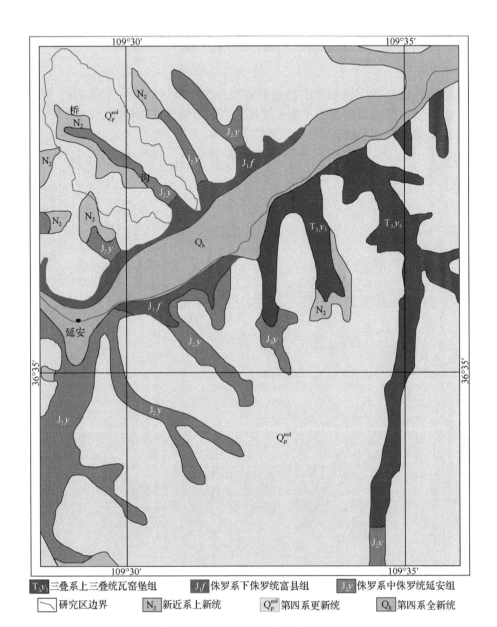

图 2-4-2　延安新区及周边区域地质图

地层单位					厚度 /m	柱状剖面	岩性特征
界	系	统	组	代号			
新生界	第四系	全新统		Q_h^{ml}	1～20		① 杂填土层：以粉土为主，结构松散，分布于人类工程活动区。 ② 冲洪积层：上部为灰黄色粉土，下部为砂砾石，砾石以钙质结核为主。 ③ 淤积层：粉土，灰褐-黄褐色，性质软弱。 ④ 崩塌、滑坡堆积层：粉土，灰黄色、棕红色粉质黏土，黏土，结构松散
				Q_h^{al+pl}			
				Q_h^l			
				$Q_h^{col+del}$			
		更新统	上更新统	马兰组	$Q_p^{3eol}m$	0～35	灰黄色粉土，结构松散，垂直节理发育，具大孔隙，夹1～3层浅棕色古土壤层，含少量钙质结核
			中更新统	离石组	$Q_p^{2eol}l$	5～104	
	新近系	上新统	保德组	N_2b	10～38	棕红色、红色黏土，粉质黏土，结构较致密，直立性好，夹数层棕红色古土壤层及钙质结核层 暗紫色、棕红色黏土，半胶结，层理发育，含大量钙质结核。易风化
中生界	侏罗系	中侏罗统	延安组	J_2y	<130	青灰色、灰白色砂岩夹灰黄色、黄绿色、灰白色薄层泥岩，砂岩为中细粒结构，坚硬，裂隙较发育，具水平层理，底部为杂色砂砾岩
		下侏罗统	富县组	J_1f	<100	灰色、灰白色、灰黄色泥岩夹薄层灰色砂岩，具水平层理，局部可见煤线

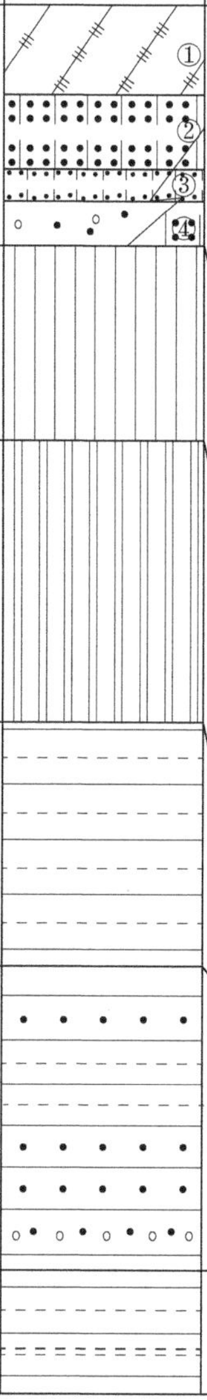

图 2-4-3　延安新区地质综合柱状图

2.4.1　侏罗系

区域地层产状 1°～3°，近水平。区内出露侏罗系中侏罗统延安组（J_2y）及下侏罗统富县组（J_1f），分布于桥沟、尹家沟河谷两侧，受河流切割深度影响，其余支沟中仅有刘家沟、进塔沟中段两侧及下游河床两岸边坡有出露，桥沟上游及两侧支沟切割较深处零星分布，大面积埋藏于第四系黄土层之下。岩性为灰白色、青灰色砂岩夹灰白色、灰黄色、黄绿色泥岩，上部主要为灰白色、灰黄色薄层泥岩，下部为灰白色、青灰色巨厚层中细粒砂岩，坚硬，裂隙较发育，主要发育有走向为 220°、125° 两组裂隙，其中在桥沟沟口附近底部出露砂砾岩，粒径一般为 3～5mm，最大 25mm，砾石成分主要为石英。

2.4.2　新近系

工程场地地表没有新近系露头，根据钻孔岩芯显示新近系岩性：黏土颜色主要是棕黄、棕红和暗紫色，该层裂隙发育，团块内有大量的结核，层理发育，并且含有三趾马化石，俗称"三趾马红土层"，结构紧密，多呈半胶结状。厚度不等，一般 3～12m。与下伏岩层呈不整合接触，新近系部分堆积在侵蚀面低凹地区，部分直接覆盖在基岩之上。

2.4.3　第四系

第四系黄土覆盖广，不整合于新近系和侏罗系等岩层上，厚度变化很大，一般在数十米至数百米之间，普遍有底砾层，主要由马兰黄土、离石黄土组成。工程场地内第四系地层表如表 2-4-1 所示。

表 2-4-1　工程场地内第四系地层表

地层		代号	厚度/m	主要岩性
全新统	杂填土层	Q_h^{ml}	<3	粉土为主，含建筑垃圾
	冲洪积层	Q_h^{al+pl}	<10	粉土、钙质结核
	淤积层	Q_h^l	1～10	粉土
	崩塌、滑坡堆积层	$Q_h^{col+del}$	5～20	粉土、粉质黏土
上更新统	马兰黄土层	$Q_p^{3eol}m$	0～35	粉土
中更新统	离石黄土层	$Q_p^{2eol}l$	5～104	粉质黏土，含钙质结核

（1）中更新统离石黄土层（$Q_p^{2eol}l$）：主要分布于黄土梁峁区，上覆马兰黄土，是黄土梁峁区主要地层。颜色较马兰黄土深，多呈褐黄色、褐红色及浅棕黄色，仅上部部分土层具湿陷性，钙质结核较上部发育，具针状孔隙或无孔隙，坚硬-硬塑-可塑；离石黄土主层内夹有数层古土壤，其中含有大量钙质结核，节理发育。受古地形影响厚度变化大，一般厚度为 30～80m，最大厚度可达 100m 以上。

（2）上更新统马兰黄土层（$Q_p^{3eol}m$）：主要集中在黄土梁峁顶部，主要成分是粉土和粉质黏土，其中粉粒所占比例较大。其厚度变化较大，一般在 10～20m，局部可达 30m 以上。黄褐-浅黄色，土质均匀，大孔发育，偶见蜗牛壳、钙质结核和条纹分布，普遍具湿陷性，垂直节理发育，坚硬-硬塑。

（3）全新统土层（Q_h^{al+pl}、Q_h^{ml}、Q_h^l）：冲洪积层（Q_h^{al+pl}）主要分布于桥沟沟谷，成分以粉质黏土、粉土为主，其中夹杂砂砾，砂砾呈次圆状，粒径 2～5mm；杂填土层（Q_h^{ml}）主要分布于桥沟和尹家沟冲沟内局部地段，为近期人工造地而形成，褐黄色，土质不均匀，以粉土为主，含砖块、混凝土块、植物根系等；淤积土层（Q_h^l）主要分布于淤地坝内，多呈灰褐-黄褐色，属淤地坝筑坝后，受自然条件下沟谷流水冲刷、淘蚀黄土斜坡，携带次生黄土淤积形成。含植物根系、枯木枯草，结构较杂乱，上部 1～2m 含水率不大，呈可塑状态，中下部呈软塑-流塑，中压缩性土，工程地质性能差，分布厚度多在 1～10m。淤地坝区域为地下水良好赋存空间。

此外，还存在崩塌、滑坡堆积层（$Q_h^{col+del}$），主要为原生黄土斜坡体，受人类工程活动的影响，加之长期受地质营力作用和自然降水入渗侵蚀，土体强度大幅度降低，导致斜坡体失稳，形成崩塌或滑坡，其崩塌、滑坡堆积体组成岩性为马兰黄土和离石黄土的次生地层，其颜色与原生黄土一致，但其结构较松散，土质较差。尤其如滑坡体软弱带，为局部地下水提供赋存空间。

2.5　气　象　条　件

延安市为中纬度城市，为半干旱、季风气候，四季分明，温度、湿度随着季节的变化十分明显：春季为 3 月到 5 月，降水量少，气温上升快，时有沙尘天气和寒流发生；夏季为 6 月到 8 月，降水集中，气温高，暴雨、洪水、冰雹灾害时有发生；秋季为 9 月到 11 月，气温下降快，早晚温差大，气候湿润；冬季为 12 月到次年 2 月，降水量少，气温低。研究区年均气温 10.3℃，月平均最低气温为 -5.2℃（1 月），月平均最高气温为 23.5℃（7 月），具体如图 2-5-1 所示[57]。

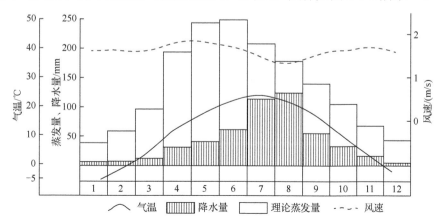

图 2-5-1　延安气象要素图

　　根据当地 1951～2005 年气象资料，多年降水量平均为 562mm，最大值为 871mm，最小值为 330mm，日最大降水量为 139.9mm（1981 年），近 20 年来，年平均降水量为 496mm。降水主要集中在 6～9 月，多以雷阵雨形式出现，集中了全年约 70%的降水量，其次是 4 月、5 月和 10 月，其他月份降水量很少。极端气候下，尤其是 7 月至 9 月，常常暴发洪水灾害，如 2013 年 7 月 1～26 日期间，延安市发生了自 1945 年有气象记录以来，过程最长、强度最大、暴雨日最多且间隔时间最短的持续强降水，超过"百年一遇"的标准，造成一些区域发生山体滑坡，房屋倒塌，公路、农田、水库等受损严重。

　　工程场地位于季节性冻土区，冻结期为 12 月至次年 3 月，一般冻结深度为 0.6m，最大冻土深度为 0.86m。根据《建筑地基基础设计规范》（GB 50007—2011）和区域气象统计资料，其季节性冻土标准冻深按 0.80m 考虑。

2.6　水文地质条件

　　工程场地内主沟属延河水系，为延河左岸小支流，流域面积约 13km²，沟道长度约 7.5km，比降 18.33‰，枯水期流量一般小于 5L/s。流域特征与西川河、杜甫川等其他延河支流相似。根据西川河下游枣园站水文系列资料（1971～1989 年），采用水文比拟法估算，桥沟多年平均径流量约为 32.87 万 m³/a。水流量随季节变化大，枯水季节流量小，仅在雨季有断续洪流，但区域内可见下降泉出露，流量较小。

　　工程场地内的水环境概况如下：西、南部为河流，河谷下切深；东、北部为黄土沟谷，沟底基岩裸露；场地地势高，为地面沟谷水系的上游末端，周边河谷地势低，为自然排泄通道；场地内部分水的存在形式如图 2-6-1 和图 2-6-2 所示，地下水分布微弱，径流补给来源少，水环境主要受地面雨水下渗影响，原始地形山高坡陡，大气降水以地表径流快速排泄，地下渗入量很少，地下水总体贫乏，未形成连续稳定的地下水位，仅在局部淤积土与河谷下游砂砾土中、基岩顶面风化裂隙带与上伏黄土接触处存在少量地下水。

　　　图 2-6-1　基岩裂隙水　　　　　　　　　　图 2-6-2　沟谷地表水

地下水类型为第四系土层孔隙潜水和侏罗系基岩裂隙水两大类[54-55,58]。第四系土层孔隙潜水主要分布于河谷区,侏罗系基岩裂隙水全区分布,二者在河谷区水力联系密切,构成双层介质统一含水体。第四系含水层主要为洪积层,厚度一般小于 10m;侏罗系基岩含水层主要为砂岩风化层,强风化带的厚度一般小于 4m。地下水补给来源为大气降水,以泉水溢出、蒸发及人工开采等方式排泄。天然条件下,地下水自周边分水岭地带顺地势向沟谷径流汇集,转化为地表径流排泄于区外。

2.7 不良地质作用

工程场地的不良地质作用主要包括滑坡、崩塌、高陡边坡和黄土陷穴等,如图 2-7-1~图 2-7-4 所示。

图 2-7-1 滑坡

图 2-7-2 崩塌

图 2-7-3 高陡边坡

图 2-7-4 黄土陷穴

(1)滑坡:多属于中型黄土古滑坡,滑体主要由黄土组成,滑床基本位于黄土内、基岩顶面或红黏土顶面,滑向均指向沟口或沟轴线,坡度一般在 14°~24°。

（2）崩塌：一般发生在坡度大于 40°的黄土斜坡上，人工切坡、开挖窑洞所形成的陡壁是诱发黄土崩塌的主要因素。此外，地表水在排泄过程中，将黄土边坡底部的黄土冲蚀而形成临空面，或者使下部黄土浸水后强度急剧降低，造成黄土边坡瞬间崩塌或形成蠕动变形的坍塌。崩塌的规模一般较小，厚度也不大。

（3）高陡边坡：高度从几米至几十米不等，坡度大都在 45°以上，有些边坡近乎直立。这些高陡边坡在雨季时土体含水率增大或挖填施工使其高度增加等不利因素下，易诱发崩塌与滑坡，在挖填施工过程中应注意采取合适的放坡坡度，尤其是雨期施工应特别注意此问题。

（4）黄土陷穴：主要发育在黄土斜坡和冲沟沟脑附近，为湿陷性黄土在地表水浸湿、冲刷下发生塌陷、湿陷而形成。大多数黄土陷穴与地下的一些暗沟相连通，其规模不大，洞口直径一般在 30～90cm，深度一般在 2～6m。

2.8　工程地质条件评价

2.8.1　黄土湿陷性

工程场地内黄土湿陷性差异大，非自重湿陷性场地和自重湿陷性场地同时存在。大面积的挖填方施工后，将可能改变场地湿陷性类型及地基湿陷等级。填方后上覆荷载的变化引起土层湿陷性的变化，挖方区挖除部分湿陷性黄土层后，土层厚度将发生变化。

湿陷性土层分布在黄土梁峁区及黄土缓坡区，一般为自重湿陷性黄土场地，湿陷性土层厚度一般为 10～20m，最大厚度不超过 30m。湿陷等级为Ⅱ（中等）级～Ⅳ（很严重）级，黄土梁峁顶部大部分区域为Ⅲ（严重）级～Ⅳ（很严重）级，但这些区域一般为挖方区，基本可将湿陷性土层挖除。黄土缓坡、黄土梁峁的边缘区域的湿陷等级为Ⅱ（中等）级，有部分区域位于填方区，这些区域填筑时应考虑原场地黄土的湿陷变形问题。

对起伏大、分布广的湿陷性黄土处理时，应以大面积消除湿陷性为主要目标。填方区原场地的处理主要根据湿陷强烈程度、黄土浸水的可能性和黄土承受压力大小等条件来综合分析。因此，填方区湿陷性黄土应根据其分布于斜坡、沟底，处理的难易程度选择合适的处理方法，如挖除法、部分挖除结合强夯法或挤密法等。在填方施工过程中，应结合自然边坡坡度、地层分布，采用增大搭接面宽度、加强碾压或加强夯实等措施，对原场地与填筑体的交接面进行重点处理。

2.8.2　软弱土层

工程场地内冲沟底部分布的冲洪积土和淤积土等软弱土，是填方区需要重点关注的主要工程地质问题。冲洪积土的结构松散，土质不均匀，对冲洪积土的处理应以大幅度降低压缩性为目的。人为筑坝促淤造地形成的淤积土，分布厚度差异大，多呈可塑-软塑状，局部流塑状，沉积年代较短，压缩性高，工程性质与淤泥质土近似。对淤积土处理以提高地基承载力、降低压缩性为目的。

2.8.3　填筑料源

大规模的高填方工程一般就地取材，将挖方土体作为填料，实现挖填平衡，减少工程投资。挖方区主要集中在黄土梁峁区，重型击实试验结果表明，填料最优含水率集中在 10.9%～12.3%，最大干密度介于 1.91～1.95g/cm³。从施工角度考虑，挖方区原场地湿陷性黄土、非湿陷性黄土层的界线难以区分，而击实试验测得的最优含水率、最大干密度相差较小，现场施工时应对填料的最优含水率和最大干密度进行复测，及时调整施工区域的土方压实指标。

压实黄土虽无明显湿陷性，但由于黄土具有水敏特性，即使填筑体工后沉降趋于稳定，若对填筑体进行增湿，仍有可能发生湿化变形。在实际工程中，沟谷的地下水位变化可能会造成填土沉降的显著变化，进而影响后续上部建筑的安全。因此，应严格控制填土压实质量，压实系数不应低于 0.93（重型击实试验标准）。此外，试验结果表明，重型击实试验的最优含水率离散性较大，而干密度的离散性相对较小，因此，在施工质量检测时应主要采用干密度进行控制。

2.8.4　地震效应

工程场地内沟谷上游淤地坝内分布淤积土，属于软弱土，沟谷下游基岩裸露，整个工程场地的土层剪切波速值最小值小于 150m/s，最大值大于 500m/s，覆盖层厚度有的区域小于 5m，有的区域大于 50m，场地类别为Ⅰ～Ⅲ类。根据《建筑抗震设计规范（2016 年版）》（GB 50011—2010），拟建场地所在地延安市抗震设防烈度为 6 度，设计地震分组属第一组，设计基本地震加速度值为 0.05g。整个挖填方工程场地地形地貌复杂，崩塌、滑坡、不稳定斜坡等地质灾害发育，根据《建筑抗震设计规范（2016 年版）》（GB 50011—2010），原场地可判定为抗震不利地段。工程建设过程中，对区域地形进行改造，对不良地质作用进行整治，在工程区的外围形成挖方边坡和填方边坡。因此，挖填后在挖填交界区和挖填方边坡区域可判定为抗震不利地段，其他区域可判定为抗震一般地段。

2.8.5　土水腐蚀性

根据《岩土工程勘察规范（2009 年版）》（GB 50021—2001）进行场地土壤腐蚀性及地下水水质分析，场地土、水对混凝土结构及钢筋混凝土结构中的钢筋均具微腐蚀性，地下水在干湿交替条件下，对钢筋混凝土结构中的钢筋也具微腐蚀性。

2.8.6　不良地质作用

工程场地内的不良地质作用主要有滑坡、崩塌及潜在不稳定高边坡，局部存在黄土陷穴、落水洞等地质灾害。

工程活动的扰动可能造成古滑坡的失稳，应采取开挖后缘、反压坡脚、加强排水等一系列工程措施，避免采取开挖坡脚、在滑体上增加荷重等易使古滑坡失稳的工程措施。场地内已查明大小崩塌多处，普遍而零散分布于黄土陡坎下部、边坡坡脚、冲沟沟谷两侧等部位。人工切坡、开挖窑洞所形成的陡壁是黄土崩塌发生的主要场所，部分是地表水在排泄过程中，将黄土陡坎底部的黄土冲蚀而形成临空面，或者使下部的黄土浸水后强度大幅度降低，发展到一定程度后造成黄土边坡整体失稳或产生瞬时崩塌。由于崩塌体结构松散，对未来的沉降影响较大，应根据工程地质测绘与调查资料并结合现场具体情况，对崩塌堆积体进行处理。

2.8.7　场地稳定性

工程场地位于鄂尔多斯地台向斜的中部，是华北陆台最稳定的部分，但场地内存在正在发育的滑坡、多处崩塌及危险高边坡。挖填造地工程完成后，挖方区内的滑坡体、崩塌体被挖除，大部分地质灾害已被消除；但填方区内的滑坡体、崩塌体仍然存在，滑坡土体的性质较差，特别是呈软流塑状态的滑带土，直接影响高填方场地的变形，同时可能形成新的排水通道。因此，高填方场地及挖填高边坡均应进行长期系统的监测，确保工程场地的稳定与安全。

2.9　小　　　结

延安新区的环境地质条件可简单概括如下。

（1）工程场地地处温带半干旱大陆性季风气候区，大气降水主要集中在 6 月到 8 月，连续集中降水常常造成洪水、泥石流等灾害。工程场地主沟属延河水系，为延河左岸小支流，流量随季节变化大，枯水季节流量小，仅在雨季有断续洪流，但在区域内可见下降泉出露，流量较小。

（2）工程场地位于陕北黄土高原中部，属于典型的黄土丘陵沟壑区。区域地质主要是中生界的沉积岩系，岩层近于水平，局部地区有轻微起伏的现象。区域地层从老到新依次是侏罗系、新近系、第四系。场区内沟谷发育，边坡陡立，地貌复杂，但构造稳定，不存在大的断裂和褶皱，满足进行大面积挖填造地的条件。

（3）工程场地的地貌可分为黄土梁峁区和沟谷区，其中梁峁区为第四系中上更新统黄土、新近系红黏土披覆在侏罗系砂、泥岩之上，覆盖层厚度大；沟谷区上游谷坡出露中上更新统黄土,谷底有淤积土及冲洪积土,沟谷区中下游谷坡出露侏罗系砂、泥岩、新近系红黏土、中上更新统黄土,谷底分布冲洪积土及砂卵石。填方料源主要为黄土(含古土壤),工程建设中不仅应对原场地湿陷性黄土与软弱土进行处理,同时应重视对黄土填料的压实处理。

(4) 工程场地的地下水类型主要包括第四系土层孔隙潜水和侏罗系基岩裂隙水两部分,孔隙水和裂隙水之间联系紧密,为统一的含水层组。地下水补给来源主要为大气降水,以向沟谷或延河河谷径流排泄为主要的排泄途径。为减少后期填方工程与地下水的相互作用与影响,应预先加强全区的地下水疏排工作,控制地下水位。

第3章 高填方场地的形成过程

高填方工程涵盖公路、铁路、机场、水利水电及城市建设等诸多领域。多年来，公路和铁路等行业对高度小于30m的填方路基做过较为系统的研究，并在其有关行业规范中得到了体现，但基本仅限于"线性"工程的建设问题。机场建设中所涉及的高填方工程与城市建设中的高填方工程较为接近，属于"面状"工程，以九寨黄龙机场、攀枝花机场、昆明新机场和吕梁机场最为典型，但机场建设中的高填方工程与城市建设中的高填方工程在平整范围、使用条件、建设布局和规划理念等方面还是有所不同，所引起的地应力分布、场地变形和地下水重分布等均有差异。

本章以延安新区黄土高填方工程为例，在对黄土高填方工程建设过程中面临的主要工程技术难题进行深入分析与讨论的基础上，提出了一系列针对性的应对措施，并对黄土高填方场地的形成过程进行了总结。

3.1 总体建设思路

黄土高填方工程是一个十分复杂的相互作用系统，具有自然条件复杂、场平范围大、跨越的地质单元多、填筑体量大、工程与环境相互影响大等特点。结合延安新区、延安新机场等工程的建设经验，可将黄土高填方场地的形成过程提炼和概括为对"三面、两体、一水"六要素的把握与控制[59]。图3-1-1为黄土高填方工程"三面、两体、一水"控制示意图，其中"三面"指的是交接面、临空面、造地面，"两体"指的是原场地、填筑体，"一水"指的是环境水。该六要素是将黄土高填方工程这一复杂的系统问题高度概化，以体与面的概念着重突出工程建设过程中应考虑的控制因素。

（1）交接面：包括沟底面、接坡面、挖填交接面、工作搭接面等，所涉及范围广而零散，往往都是工程中极易被忽视的薄弱面。沟底面是指填筑体与原场地的沟底结合面，沟底面的岩土特性、软弱层的处理与加固、排水措施等均是工程建设中需要重点关注的问题；接坡面、挖填交接面、工作搭接面附近应注意不均匀沉降与潜在入渗通道的处理。

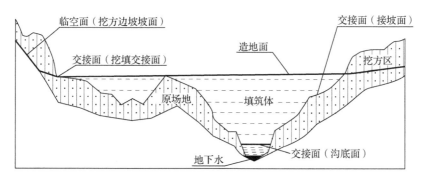

图 3-1-1　黄土高填方工程"三面、两体、一水"控制示意图

（2）临空面：包括高填方工程中的挖方边坡坡面和填方边坡坡面，边坡需要优化设计坡面，使其在保证抗滑稳定性的情况下最经济，还需考虑排水和环境美化等问题。

（3）造地面：是填筑体的顶面，根据城市规划要求，在高填方工程最终所形成的建设用地范围内，不同功能分区应该对造地面具有不同工后沉降与差异沉降的控制要求。

（4）原场地：是未经开挖回填施工活动、保持原始地形地貌和地质特征的原始场地，常存在淤积土、湿陷性黄土等特殊土，其自身的变形与填筑体变形共同构成造地面的变形。

（5）填筑体：是填方区内通过分层回填、分层密实处理后形成的地质体，填筑体自身的变形特性直接影响造地面的变形，其强度特性则直接影响临空面的稳定性。

（6）环境水：由地表水和地下水两部分组成。黄土在低含水率下具有高强度和低压缩性，浸水甚至增湿时会发生强度大幅度骤降和变形大幅度突增[60-63]，因此环境水对黄土高填方工程具有重要影响。

黄土高填方工程"三面、两体、一水"综合控制的设计方法是将复杂的系统工程进行高度概化，目的是在高填方工程建设过程中对繁杂技术问题的逐条排查与处理，这六要素并非完全孤立，而是相互作用、相互影响。具体设计过程中应控制、平衡和协调好各要素之间的关系。原场地和填筑体受环境水影响，着重强调黄土的"水敏性"，这也是其区别于其他地区高填方工程的主要特征，是设计过程中具有明显地域特点的技术控制因素。考虑到以上六个要素，黄土高填方工程建设内容主要包括原场地处理、土方填筑、边坡工程和排水工程等。

3.2 原场地处理

黄土高填方工程中原场地处理的重点对象可分为三大类：第一类是湿陷性黄土，具有分布广、厚度大和湿陷性强等特点，对其处理以消除湿陷性为主要目标；第二类是人为筑坝促淤造地形成的淤积土，具有含水率高、结构松散和压缩性高等特点，其工程性质与淤泥质土近似，对淤积土的处理先期进行降排水、降低中浅层含水率，后期以提高承载力和降低压缩性为目标；第三类是不良地质体，主要包括崩塌、滑坡和土洞等，具有位置分散、隐蔽等特点，对其不良地质体的处理主要是消除不良地质体对工程变形与稳定的影响。

3.2.1 湿陷性黄土处理

在黄土高填方场地中，深厚黄土层是水敏性的相对软弱层，土方填筑施工后，地基土内部的含水率可能显著增加，其变化将是一个缓慢而又有可能发生突变的过程，突变发生的可能性可以通过设置有效的地表和地下排水系统将其控制到最低限度，但内部含水率的增加却难以把握和控制，必须将一定深度内大孔隙结构性黄土予以夯实，增加其密实度，同时将其变成相对的隔水层，降低发生湿陷的潜在可能性。

在现行规范中，《高填方地基技术规范》（GB 51254—2017）建议"对新近填土、湿陷性土和断裂破碎带的松散岩土宜采用强夯法处理"；《民用机场岩土工程设计规范》（MH/T 5027—2013）规定湿陷性黄土应采用以地基处理为主的综合方法。湿陷性黄土地基处理常用方法可按表 3-2-1 选择，可采用一种或多种方法相结合。

表 3-2-1 湿陷性黄土地基处理常用方法

处理方法	适用范围	处理厚度/m
冲击碾压法	地下水位以上	0～1.4
换填垫层法	地下水位以上	1～3
强夯法	地下水位以上，饱和度 $S_r \leqslant 60\%$ 的湿陷性黄土	3～7
挤密法	地下水位以上，饱和度 $S_r \leqslant 65\%$ 的湿陷性黄土	5～15
其他方法	需试验验证	

延安新区填方区湿陷性黄土的处理主要采用强夯法，强夯处理设计参数如表 3-2-2 所示。处理分区综合考虑的因素包括：①场地功能分区；②需处理的湿陷性黄土和表层松散土的厚度；③原场地地形条件。

表 3-2-2　填方区湿陷性黄土地基强夯处理设计参数

处理分区	湿陷性黄土层厚度/m	夯型	单击夯能/(kN·m)	夯点间距	夯点布置	单点击数
重要建筑区	>6	点夯	6000	5.0m	梅花形	12～14
		满夯	1000	d/4 搭接	搭接型	4～6
	3～6	点夯	3000	4.0m	梅花形	10～12
		满夯	1000	d/4 搭接	搭接型	3～5
一般建筑区、交通区	>7	点夯	6000	5.0m	梅花形	12～14
		满夯	1000	d/4 搭接	搭接型	4～6
	3～7	点夯	3000	4.0m	梅花形	10～12
		满夯	1000	d/4 搭接	搭接型	3～5

注：d 为夯锤直径。

对原场地中湿陷性黄土地基进行大面积处理之前，延安新区选取了典型试验区进行地基处理试验，评价地基处理方法及其施工工艺在场区的适用性和处理效果，确定设计、施工、检测的指标和参数。通过现场地基处理试验，确立了以强夯法为主要手段的大面积湿陷性黄土地基处理方法。填方区湿陷性黄土地基大部分情况下位于斜坡面上，实际实施时结合接坡强夯一并进行处理。图 3-2-1 是湿陷性黄土地基强夯施工现场照片。

图 3-2-1　湿陷性黄土地基强夯施工现场

3.2.2　淤积土处理

1. 淤积土地基概况

工程场地淤地坝区域内的淤积土，淤积时间一般为 15～25 年，总面积约 $25×10^4 m^2$，最大淤积厚度约 14m。淤积土层上部 1～2m 含水率不大，呈可塑状态，地下水位附近及其下的淤积土多呈软塑-流塑状态，淤积土的结构松散，压缩性高，工程性质与淤泥质土近似，属于典型的软弱土。初步计算结果表明[64]，如不进行地基处理，在上部填土荷载作用下，淤地坝区域内淤积土层的相对压缩量在10%左右，最大沉降量约173cm，平均沉降量约117cm。

2. 淤积土地基处理方法初选

淤积土处理的目的是解决淤地坝区域的变形问题，主要为控制沉降、减小淤地坝区域内及其与周边区域交界处的不均匀沉降。现有的软弱土地基常用处理方法主要有换填、强夯和碎石桩等，国家标准《高填方地基技术规范》（GB 51254—2017）中建议，在缺少试验资料和地区经验时，以4m、6m软土厚度为界，可采用换填、强夯置换和复合地基处理等方法。

在初步设计阶段从技术特点、造价、工期和使用经验几个方面对常用的淤积土地基处理方法进行分析比较，结合场地地形地貌和地质条件对各地基处理方法进行了综合评价，对比与评价结果如表 3-2-3 所示[64]。根据淤地坝区域淤积土地基的具体特点，通过初步设计阶段的数值分析和综合对比认为，强夯法是技术上比较可靠、经济上相对合理的地基处理方法。

表 3-2-3　淤积土地基处理方法的对比与评价

处理方法	技术特点		造价/（元/m³）	工期	综合评价
	优点	缺点			
换填法	① 工艺、设备简单，便于操作，施工速度快；② 适用于各种地基浅层处理；③ 场地适应性好，技术可靠性高；④ 质量可控性好	① 增加大量的挖方与填方；② 换填深度一般不宜超过3m；③ 地下水位较高时，不易换填	25	满足	① 增加大量的挖方与填方；② 工艺、设备简单，便于操作，施工速度快；③ 场地适应性好，技术可靠性高，有成熟应用经验；④ 不适合本工程大面积地基土的深层处理
冲碾法	① 施工方便、施工期短、施工费用低；② 加固深度2～3m时，处理效果较好	① 加固深度较小；② 地基含水率较高时，一般来说处理效果不显著	5	满足	① 效率高，造价低；② 有效处理深度约 2～3m，不能满足本工程地基土深层处理要求
强夯法	① 设备简单、施工期短；② 可通过调整夯击能量来处理不同的深度；③ 适用土类广，处理效果好	① 软黏土地基含水率较高时，一般来说处理效果不显著；② 含水率较高时需设置垫层	10～20	满足	① 采用碎石垫层强夯，可以解决地基土高含水率问题；② 造价适中；③ 技术可靠，有成熟的应用经验；④ 适合本工程大面积地基处理
碎石桩	① 可处理较大深度；② 可对地基土进行有效挤密；③ 在地基土中可形成通畅的排水通道，有利于控制工后沉降	① 需要消耗大量的石料；② 造价较高；③ 施工速度较慢	40～50	满足	① 处理效果好；② 需要消耗大量的石料；③ 施工速度较慢；④ 不适合本工程大面积地基处理

续表

处理方法	技术特点		造价/ （元/m³）	工期	综合评价
	优点	缺点			
排水固 结法	① 可处理深部软弱地 基； ② 适用于高含水率的软 弱地层	需设置砂垫层	20～30	满足	① 造价较高； ② 施工中差异沉降大，不利于填筑 体的整体稳定； ③ 不适合本工程大面积地基处理

3. 淤积土地基处理方案

针对淤积土地基特点，强夯处理时采用三种方式：直接强夯、垫土强夯和垫碎石强夯。直接强夯费用最低、速度快，但受地基土含水率的影响较大；垫土强夯在地基处理的同时还可解决一部分土方填筑；垫碎石强夯处理效果好、技术有保证。考虑到下部土层含水率高，直接强夯效果难以保证，设置土垫层的方法是一种预备的调整方案，铺设碎石垫层的强夯方案则是最后的保证性方案。

鉴于地基条件（土层特性、地下水埋深等）对强夯处理深度影响较大，淤积土地基的强夯处理有效深度和具体参数均应通过现场试验予以确定。延安新区淤积土地基的强夯处理设计参数如表 3-2-4[50]所示，单击夯击能采用 3000kN·m、6000kN·m，根据淤积土厚度和地下水位等通过现场试验选择相应强夯能级。图 3-2-2、图 3-2-3 是淤积土现场强夯处理时的部分场景。强夯实施过程中采取了多种措施保证地基处理效果，主要包括强夯工序采取由低能级向高能级试夯，采取降、排水措施（破开淤地坝、抽水降水），两侧设置深 4.5m 的排水盲沟（下部碎石、上部素土），沿顺沟方向每隔一定间距设置深 4～5m 的排水盲沟，填土后再强夯。

表 3-2-4　淤积土地基强夯处理设计参数

地下水 深度/m	淤积土 厚度/m	夯型	单击夯击能/ （kN·m）	夯点间距	夯点 布置	单点击 数	垫层厚 度/m	备注
>2	≤7	点夯	3000	4.0m	正方形	10～12		
		满夯	1000	d/4 搭接	搭接型	3～5		
	>7	点夯	6000	5.0m	正方形	10～12		
		满夯	1000	d/4 搭接	搭接型	3～5		
	≤7	预夯	1000	切边连接	邻接型	3～5		当地基土极其松 散，夯击次数、夯 坑深度明显异常 （过深）时，需采 用预夯措施
		点夯	3000	4.0m	正方形	10～12		
		满夯	1000	d/4 搭接	搭接型	3～5		
	>7	预夯	1000	切边连接	邻接型	3～5		
		点夯	6000	5.0m	正方形	10～12		
		满夯	1000	d/4 搭接	搭接型	3～5		

续表

地下水深度/m	淤积土厚度/m	夯型	单击夯击能/（kN·m）	夯点间距	夯点布置	单点击数	垫层厚度/m	备注
≤2	≤7	点夯	3000	4.0m	正方形	10～12	1.0	
		满夯	1000	d/4 搭接	搭接型	3～5		
	>7	点夯	6000	5.0m	正方形	10～12	1.2	
		满夯	1000	d/4 搭接	搭接型	3～5		

注：d 为夯锤直径。

图 3-2-2　淤积土地基直接强夯处理

图 3-2-3　淤积土地基垫层强夯处理

在正式施工前，先选取试验区进行强夯试验，以优化设计参数和施工工艺。施工中注意避免夯坑周围地面发生过大的隆起或因夯坑过深而发生起锤困难等现象，点夯间歇时间以强夯过程中不发生"弹簧"现象为原则进行确定。

3.2.3　不良地质体处理

1. 崩塌处理

崩塌体分布于黄土陡坎下部、边坡坡脚和冲沟沟谷两侧等部位，往往位于填方区变形变化较大的位置，由于崩塌体结构松散，对未来高填方场地的沉降影响较大，应对崩塌体进行处理。对崩塌体应根据工程地质测绘与调查资料结合现场具体情况进行处理。当崩塌体规模较小时，采取挖而不运、就地解决，即结合土方填筑施工开挖台阶进行处理；当崩塌体规模较大时，需要现场研究解决。

2. 滑坡处理

对场区内填方区的滑坡，一般不需要考虑其整体稳定，但当滑坡体结构松散时，应对松散体进行处理。当松散体规模较小时，将其挖出就近碾压；当松散体规模较大但在强夯处理深度范围内时，采用强夯法进行处理；当松散体规模较大且超过强夯处理深度范围时，现场研究解决。对场区内挖方区的滑坡，土方开挖时应从不影响滑坡稳定的部位开挖，禁止从滑坡体下侧开挖，以免诱发再次滑坡。

3. 土洞处理

场区内的土洞埋藏深度一般比较浅，受地下水的影响较大，顶部的强度较低，发展到一定程度就会塌陷，对上部建筑物的威胁较大。为此，需要对场区内土洞的位置、大小、形状和水文地质条件等进行综合分析，采取合理的处理措施。《高填方地基技术规范》（GB 51254—2017）对土洞处理以埋深 3m 为界做出相应规定。延安新区高填方工程实施过程中，对于地表显露土洞（包括裂隙）进行追踪开挖，分层回填；当追踪开挖困难（工作面下土洞深度大于 3m）时，采用素土充填，再用 3000kN·m 能级强夯进行处理；对于不稳定隐伏土洞，当土洞的埋藏深度小于 5m 时，采用 3000kN·m 能级强夯进行处理；当土洞的埋藏深度在 5~10m 时，采用 6000kN·m 能级强夯进行处理；当土洞的埋藏深度大于 10m 时，则在施工现场进行专项研究解决。

3.3　土 方 填 筑

土方填筑主要考虑填筑体、临空面、交接面和造地面四个控制因素。大体量土方填筑工程的填料均为就地取材，黄土高填方工程以黄土填料为主，石料较少。填筑体是整个工程的建设主体，处理目的：一是使填筑体达到稳定、密实、均匀，以减少造地面的工后沉降与不均匀沉降；二是消除湿陷性黄土作为填料时的湿陷性，避免在后期城市建设中出现二次增湿变形。

3.3.1　填筑体处理

填筑体控制的关键是对土方填筑工艺、夯（压）实参数进行有效控制，土方填筑施工方法的选择应根据密实度要求、土料类型、含水率和场地条件等因素综合考虑，常用的有振动碾压、冲击碾压和强夯等方法。延安新区土方填筑施工采取了上述综合施工方法，施工现场如图 3-3-1 所示。填土夯（压）实技术指标对比如表 3-3-1[65]所示，填土夯（压）实技术综合性能对比如表 3-3-2 所示。

图 3-3-1　延安新区土方填筑施工现场

表 3-3-1 填土夯（压）实技术指标对比

压（夯）实方法	每层铺土厚度/mm	每层夯（压）遍数	备注
平碾（8～12t）	200～300	6～8	适用于细颗粒填料场地
羊足碾（5～16t）	200～350	8～16	适用于粗颗粒回填场地
振动碾压（8～15t）	500～1200	6～8	适用范围广泛，适合较大面积区域
冲击碾压（15～25kJ）	600～1500	20～40	效率高，适合大面积区域
强夯	4000～12000	点夯 8～12 击并满夯	效率高，适合大面积区域，需碾压施工配合

表 3-3-2 填土夯（压）实技术综合性能比较

施工方法	优点	缺点
振动碾压	① 施工对周围环境影响小； ② 施工设备轻便灵活、施工简单； ③ 处理后场地地基均匀性较好； ④ 地形适应性强、易于操作、监控方便、设备数量容易保证、工程单价低	① 分层填筑厚度小，分层数量多； ② 填料粒径、含水率要求严格； ③ 单台效率相对较低
冲击碾压	① 施工对周围环境影响小； ② 施工设备轻便灵活、施工简单； ③ 大面积区域施工效率较高，相比振动碾压，分层厚度可加厚，含水率控制要求可适当放宽，场地均匀性较好	① 对作业面的大小要求较高，需要较宽广的平整工作面，以保证其连续运行速度以达到压实效果，在狭窄沟道施工效率低； ② 填料粒径、含水率要求高； ③ 压实质量受含水率变化影响较大； ④ 碾压平整度不如振动碾压，每层收面需配合振动碾压处理
强夯	① 分层填筑厚度大，可达 4～12m； ② 填料粒径、含水率要求相对较低； ③ 施工受冬季影响相对小； ④ 沟道狭窄、作业面狭小时可采取一次性回填大厚度填土，快速打开作业面； ⑤ 夯击能量大，单位土方击实功较大，处理效果较好	① 振动与噪声大，对周围环境影响较大； ② 施工设备庞大笨重，影响土方填筑交叉施工； ③ 填土均匀性较差，大面积施工质量控制难度大； ④ 需配合压实机械进行初次碾压后方可进行强夯

　　振动碾压法是常规的压实方法，具有地形适应性强、易于操作、监控方便、设备数量容易保证、工程单价低的优点，缺点是单台效率相对较低，对含水率要求严格；冲击碾压法突出的优点是单台施工效率高，相对振动碾压，分层厚度可加厚、含水率控制要求也可适当放宽，但需要较宽广的平整工作面，以保证其连续行走速度以达到压实效果；强夯法具有地形适应性强、一次铺填厚度大和综合处理效果好的特点，但与分层碾压法相比，地基均匀性较差。总体上考虑，强夯法适宜于需要处理厚度较大且与原场地处理有关的部位；当宽敞的工作面形成后，需要加快工程进度时冲击碾压法则有优势。因此，在土方填筑施工过程中，当原场地具有超过碾压厚度的松散土层时，尤其是处于"V"字形谷底时，采用强夯

法进行夯实；当填方区下部的适宜工作面尚未形成时，采用振动压实法进行压实；在填方区上部大范围作业时，采用冲击碾压法进行压实。当土料含水率偏低时，采用强夯法或冲击碾压法进行夯（压）实。延安新区黄土高填方工程的填土主要采用冲击碾压法处理，仅在局部特殊区域处理采用强夯法，例如：当原场地有超过碾压厚度的松散土层时，采用强夯法对原场地和工作面平整时的填土一并进行夯实；对接坡部位碾压不到位的部位进行夯实处理；工作面高差超过碾压厚度时进行夯实；黄土陡坎间的狭窄区域下部，采用强夯法进行补强处理。

土方填筑施工时应注意以下问题：①应对填筑施工速率进行控制，高填方场地的沉降稳定需要较长一段时间，为保证有足够的沉降稳定时间，土方填筑施工时，应先进行填方厚度大的区段，在高大边坡临空面附近施工时应加强边坡水平位移监测；②为增大施工期沉降量、减少工后沉降、缩短沉降稳定时间，可在冬季停工期以及造地竣工到用地开发的间歇期对填筑厚度较大区域和重要规划区域采取超高堆载预压处理；③须考虑到土方填筑后应有一定的自然沉降周期，一般应不少于两个雨季。

3.3.2　特殊区域处理

土方填筑施工过程由于地层差异、施工限制等原因所形成的特殊区域应采取针对性的特殊处理措施，避免薄弱面的存在。这些特殊区域主要包括填筑体与原场地接坡面、工作搭接面和挖填交界区等。

1.　填筑体与原场地接坡面处理

接坡面的处理作用在于[59, 64]：①保证填筑体与清除地表土后的原场地斜坡部位能够紧密结合；②由于地形限制，原场地斜坡上的湿陷性黄土开始时不具备处理条件，而土方填筑工作面为斜坡部位的处理施工提供了工作平台，接坡处理可对原有湿陷性黄土进行专门处理；③接坡附近的填土由于地形限制，难以压实，通过接坡处理，可以对其进行适当补强，保证其密实度达到控制要求。如果接坡处理不好，往往会形成人为的薄弱面，有时因差异沉降甚至形成肉眼可见的裂缝，为雨水下渗提供了通道，同时也为填筑体的稳定埋下了隐患。

填筑体与原场地接坡面的处理如图 3-3-2 和图 3-3-3 所示。其具体处理方法是：①先按设计要求开挖台阶，台阶高度为 1～3 个填筑层厚度，原场地坡度较缓时 1～2 个填筑层厚度，原场地坡度较陡时 2～3 个填筑层厚度；②当一个或若干个台阶宽度达到 4.0m 时，在该台阶面上按表 3-2-2 设计参数进行强夯，夯锤应尽量靠近斜坡，此时的强夯实际上是对斜坡上的湿陷性黄土地基处理；③当碾压层累计厚度达到 4.0～5.0m 时，在该厚度范围内对填筑体与斜坡相接部位，采用与斜坡上的湿陷性黄土地基处理相应的能级按表 3-2-2 设计参数进行接坡处理。接坡处理完成后的压实系数不应小于 0.93。

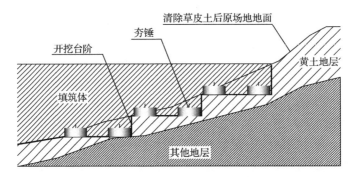

图 3-3-2　填筑体与原场地接坡面强夯处理示意图

图 3-3-3　填筑体与原场地接坡面处理施工现场

2. 工作面搭接处理

由于高填方工程土方量巨大,往往由多家施工单位共同协作完成,同一施工单位作业面内又会划分为多个施工分队,施工单位之间、施工分队之间由于起始填筑标高不同、施工进度差异等,在填筑体内部往往会形成众多工作面(图 3-3-4)。

图 3-3-4　工作面搭接处理施工现场

　　由于各工作面起始填筑标高不一或填筑速度不同,若工作面搭接处理不好势必会带来工程质量问题。实际监测表明,工作面搭接处理不好,将造成人为的薄弱面或软弱面,给高填方场地的沉降及稳定带来不利影响。黄土高填方工程建设过程中,应考虑到相邻工作面的施工进度差异,对工作面两侧的高差有所要求,各工作面间要注意协调,两个相邻工作面高差要求一般不超过 4m,以避免出现"错台"现象。对工作面搭接部位,采用强夯补强处理,补强处理宽度应为上界面大于 2 倍夯锤直径,下界面按 1∶1 向上放坡至层顶面且不小于 2 倍夯锤直径,工作面强夯处理分层厚度不宜大于 4m,强夯处理方式示意图如图 3-3-5 所示,强夯施工参数及夯实标准宜符合表 3-3-3 的规定。

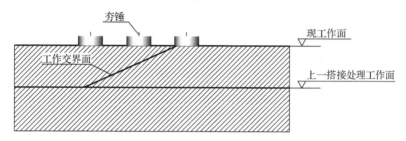

图 3-3-5　工作面搭接强夯处理方式示意图

表 3-3-3　工作面搭接处理强夯施工参数及夯实标准

夯型	单击夯能/（kN·m）	夯点间距/m	夯点布置	单点击数	压实系数
点夯	3000	3.5～4.0	正方形	10～12	≥0.93
满夯	1000	d/4 搭接	搭接型	3～5	

注: d 为夯锤直径。

3. 挖填交界区处理

　　挖填交界区是高填方工程经常出现问题的薄弱环节,与填方区相比,挖方区无明显沉降甚至会出现卸载回弹,如果挖填交界区的处理被忽视,容易造成地面变形开裂（图 3-3-6）,导致挖填交界区的差异沉降较大甚至出现突变引起后期上部建筑物损害,最终影响造地面的使用与安全。

图 3-3-6　挖填交界区地面变形开裂

当挖填交界区设计标高下原场地黄土具有中等或以上湿陷性时，应采用强夯法处理，如图 3-3-7 和图 3-3-8 所示。延安新区高填方工程建设过程依据用地规划和湿陷性黄土的分布厚度，采用不同能级的强夯进行处理，挖填交界区强夯处理设计参数如表 3-3-4 所示。

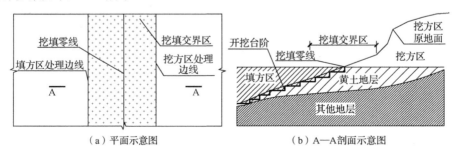

（a）平面示意图　　　　　　　　（b）A—A剖面示意图

图 3-3-7　挖填交界区处理示意图

图 3-3-8　挖填交界区强夯补强处理施工现场

表 3-3-4　挖填交界区强夯处理设计参数

处理分区	湿陷性黄土层厚度/m	夯型	单击夯能/（kN·m）	夯点间距	夯点布置	单点击数
重要建筑区	>6	点夯	6000	5.0m	梅花形	12～14
		满夯	1000	d/4 搭接	搭接型	4～6
	3～6	点夯	3000	4.0m	梅花形	10～12
		满夯	1000	d/4 搭接	搭接型	3～5
一般建筑区、交通区	>7	点夯	6000	5.0m	梅花形	12～14
		满夯	1000	d/4 搭接	搭接型	4～6
	3～7	点夯	3000	4.0m	梅花形	10～12

注：d 为夯锤直径。

简而言之，对上述各类薄弱面，一般采用台阶开挖法（台阶面适当内倾，以保证填筑体与原场地或先、后施工的填土之间良好搭接）并以强夯法补强处理。本书所提供的具体参数仅供参考，类似工程中台阶开挖的高度与宽度、强夯能级、夯点间距与夯点布置等均应根据交接面处的黄土湿陷性等级与厚度、沟谷坡度与开挖量、交接面高差与范围等实际情况，灵活调整。

3.4　边　坡　工　程

在充分掌握场地工程地质条件、水文地质条件、填料来源及其工程性质的基础上，延安新区高填方工程采取整流域治理方法，其填方边坡的建设经历了三个阶段：第一阶段，填方边坡只有最下游处结合原场地沟谷的两个"锁口坝"，因与沟谷地形的有机结合，整体稳定性相对容易控制；第二阶段，工程建设中由于造地范围外延，原设计的边坡变成了临时边坡，并被后期土方填平，造地范围外延后变成一个锁口坝边坡，整个一期工程约 $10km^2$ 的挖填造地工程仅有一处高填方边坡；第三阶段，规划方案进一步调整后，工程范围外延约 1km 至老城区，全部进入工程范围，锁口坝边坡的临空面高度由约 110m 变为约 70m。边坡工程中的临空面控制主要包括采用合理的边坡坡型、对坡脚进行处理以及对坡面进行防护。

3.4.1　坡型设计

黄土高填方工程的边坡应分为挖填前的原始边坡以及挖填后所形成的挖方边坡和填方边坡，应在稳定性满足要求的前提下进行边坡设计与坡型优化。

1. 边坡稳定性分析

稳定性验算应在边坡勘察的基础上，分析判断边坡破坏模式、滑动面类型、潜在滑动面位置，合理选择稳定性分析方法和计算参数。由于黄土的抗剪强度与其含水率有着密切关系，边坡稳定性分析时，应分别采用天然含水率状态和塑限含水率状态的抗剪强度参数计算边坡稳定性。鉴于工程建设过程中采取了较全面的排水措施，未来使用过程中几乎不会出现饱和状态的极端不利情况，因此，边坡稳定性分析时暂不考虑饱和状态。需要指出的是，目前大多数相关规范中的稳定性计算采用的是经典极限平衡法，该方法基于刚性假定，忽略了土体应变与位移的协调性，这将导致两个严重后果：一是不能考虑局部区域安全系数的变化，二是应力分布往往与实际不符。因此，对于复杂、大型的边坡宜结合数值分析方法进行稳定性评价。

2. 坡型设计与优化

边坡形式确定应在稳定分析的基础上进行不同形式的比较，优选出适合拟建场地的边坡形式，并应采用变坡形式优化土石方量。现行规范中的边坡坡率指标要求如表 3-4-1 所示。国内高填方工程多在山区，原场地的地质条件较复杂，考虑到目前勘察、设计及施工水平现状，《高填方地基技术规范》（GB 51254—2017）建议高填方边坡的综合坡率为（1∶1.75）～（1∶3.0），单级坡率为（1∶1.50）～（1∶2.5）（表 3-4-2），并建议对填方高度大于 150m 的边坡进行专项研究与设计。

表 3-4-1　现有规范中的边坡坡率指标要求

规范名称	坡率/坡度要求
《铁路路基设计规范》（TB 10001—2016）	路堤边坡：当地基条件良好，填料为细粒土、易风化的软块石土，全部高度不大于 20m，上、下部高度分别不超过 8m、12m 时，上部坡率为 1∶1.50，下部坡率为 1∶1.75。 路堑边坡：当土质路堑边坡高度小于 20m，黏性、粉质黏土、塑性指数大于 3 的粉土时，边坡坡率为（1∶1.00）～（1∶1.50）；当边坡高度大于 20m 时，边坡坡率、形式等应通过稳定性分析计算确定
《公路路基设计规范》（JTG D30—2015）	路堤边坡：当地质条件良好，填料为细粒土时，边坡高度不大于 20m 时，上部高度不高于 8m 的边坡坡率为 1∶1.5，下部高度不高于 12m 的边坡坡率为 1∶1.75；当边坡高度大于 20m 时，边坡形式宜采用阶梯型，边坡坡率由稳定性分析计算确定；浸水路堤在设计水位以下的边坡坡率不宜陡于 1∶1.75。 路堑边坡：当边坡高度不大于 20m，土质为黏土、粉质黏土、塑性指数大于 3 的粉土时，边坡坡率为 1∶1；当边坡高度大于 20m 时，边坡形式及坡率可依据该规范，调查附近已建工程的人工边坡及自然边坡情况，根据边坡稳定性分析综合确定
《建筑边坡工程技术规范》（GB 50330—2013）	当无经验且土质均匀良好、地下水贫乏、无不良地质作用和地质环境条件简单时，黏性土质边坡的坡率允许值：坡高小于 5m 时，坚硬状态的坡率为（1∶0.75）～（1∶1.00），硬塑状态的坡率为（1∶1.00）～（1∶1.25）；坡高 5～10m 时，坚硬状态的坡率为（1∶1.00）～（1∶1.25），硬塑状态的坡率为（1∶1.25）～（1∶1.50）
《民用机场岩土工程设计规范》（MH/T 5027—2013）	湿陷性黄土填方边坡：当填方地基情况良好、边坡高度小于 20m 时，10m 以下坡率可采用 1∶1.5；10m 以上坡率可采用 1∶1.75；当填方边坡高度大于等于 20m 时，应进行专项设计。 湿陷性黄土挖方边坡：应根据黄土的地貌单元、时代成因、构造节理、地下水分布、降水量、边坡高度、施工开挖方法，并结合自然或人工稳定边坡坡率和稳定性计算综合分析确定。工程地质、水文地质条件复杂时，挖方边坡坡率的确定应以工程地质类比法为主
《碾压式土石坝设计规范》（NB/T 10872—2021）	坝基土质岸坡不宜陡于 1∶1.5，且应能保持施工期岸坡稳定
《水利水电工程边坡设计规范》（SL 386—2007）	在边坡的平均坡度满足抗滑稳定要求的前提下，黄土边坡宜开挖成"陡坡宽马道"的形式。马道间的高度为 5～10m 时，两马道之间的开挖坡度可陡于 1∶0.5

表 3-4-2　边坡形式和坡率

综合坡率	边坡设计参数			
	单级边坡坡高/m	单级边坡坡率	马道宽度/m	马道坡度/%
（1∶1.75）～（1∶30）	10～15	（1∶1.5）～（1∶2.5）	2.0～2.5	1～2

延安新区高填方工程建设过程中也考虑到对边坡坡型优化，原场地主沟沟口处的填方高边坡如图 3-4-1 所示。边坡按不同坡率分段放坡，以考虑与原场地沟谷地形的有机结合。每隔 10m 的填方高度设置一条马道，一般马道宽度 2.5m，结合排水设计在马道与坡面处设置排水设施，部分马道的宽度与高度设计除满足坡体稳定、排水通畅等要求外，还考虑到后期的城市用地功能（如市民公园、交通便道等）予以加宽。综合考虑上述因素之后，还进行了上陡下缓的变坡度设计，以考虑与原场地沟谷地形的有机结合和土方量优化。

图 3-4-1　延安新区主沟填方高边坡

3. 坡脚处理

坡脚处理应与本书前述提到的"原场地处理"及下述的"排水工程"部分内容相结合，坡脚处理目的在于降低原场地的沉降与不均匀沉降，防止土体的侧向变形。因为沉降、不均匀沉降及侧向变形会引起填筑体表面的开裂，一旦水渗入裂缝，则土体的抗剪强度会降低，原本稳定的填筑体将会存在安全隐患。因此，填筑边坡坡脚内侧与外侧的原场地在一定范围内必须进行专门地基处理。同时，有必要对原场地的潜在软弱滑面进行分析，若是局部的滑面、规模不大且深度较浅，则可考虑开挖处理，将不稳定的岩土体挖除，以求彻底解决隐患，此方法简单易行，在高填方边坡工程中得到了广泛的应用，特别是当滑体较小、土方工程量较少时，全部挖除是最稳妥的办法。但必须注意，在开挖以后边坡稳定性和表面覆盖条件发生了变化，必须分析是否会产生新的滑坡，引起所谓的连锁反应。当边坡坡脚较窄、工程弃土较多时，设置压坡平台既可明显提高边坡的稳定性又可解决弃方问题，但仍需考虑坡脚排水措施；由于征地限制，无法满足自然放坡条件时还应考虑坡脚设置挡土墙。

延安新区最大的黄土填方高边坡位于桥沟沟口区域，填方坡体采取自然放坡，综合坡率超过 1 : 2.5，长期稳定性满足安全需求，尽管如此，由于地处湿陷性黄土地区，该边坡随着规划需求在外延的过程中始终与地基处理相结合，对坡脚线内外两侧区域进行了强夯补强处理。

3.4.2　坡面防护

边坡坡面常年暴露于自然环境中，承受着各种自然条件的影响，其中水的冲刷作用尤为明显。边坡坡面在受降雨击溅和坡面水流冲刷作用后易产生较大规模的冲蚀破坏，且易发生陷穴、暗沟等灾害。事实上，上述情况的破坏是边坡最常见的破坏形式，甚至由于水流等外部条件改变使原本稳定的边坡抗力降低而再次破坏。延安新区的边坡坡面上设置了完整的横向与纵向排水系统，以避免使地表水在坡面上形成径流而冲刷坡面，从而保护坡面完整。坡面上的降水顺坡漫流，流入马道上的排水沟中，再经顺坡向的排水沟流出场外，保证坡面的通畅排水。此外，边坡防护设计应有利于边坡的整体稳定，边坡防护形式多样，大致分为植物防护、工程防护和综合防护三类，主要特点如下。

（1）植物防护：播种植草、铺草皮和植树等，其优点是绿色环保，可美化环境；但是抗冲刷能力较低，且有其适用范围和局限性。

（2）工程防护：抗冲刷能力强，但造价较高且不美观。

（3）综合防护：综合考虑了抗冲刷性、工程经济性及对环境的美化、协调与保护。

借鉴以往高填方工程的成功建设经验，并结合西北地区的气候、土质状况，对坡面的防护采用三维植被网的综合防护，能有效地保护坡面不受风、雨、洪水的侵蚀。初始功能是促进植被生长，随着植被的形成，它的主要功能是增强草根系统抵抗自然水土流失的能力。延安新区高填方边坡的坡面防护以植物防护为主（图 3-4-2），由专业设计单位结合延安新区城市绿化与景观规划设计统一考虑。

图 3-4-2　延安新区坡面植物防护

3.5　排　水　工　程

黄土填料经压实后可消除湿陷性，并具有较高的强度；但黄土高填方工程建成后，地形地貌的改变会引起地下水的补给、径流和排泄条件发生变化，进而造成地下水位变化。若地下水位上升，压实黄土遭受渗水影响，其结构发生软化，强度和承载力降低，从而逐渐产生湿化变形与沉降[66-67]。压实黄土的湿化变形量级虽然比原状黄土湿陷变形小，变形速率也较为缓慢，但因其一般发生在工后，且易引起不均匀沉降，甚至导致地面开裂，影响造地工程的正常使用[68]。因此，黄土的水敏特性使环境水因素对黄土高填方工程具有重要影响，完善的排水措施对保障整个黄土高填方工程质量和安全起到至关重要的作用。环境水主要由地表水和地下水两部分组成，针对其设置的排水措施包括地下排水、坡面排水、填筑体排水和人工集水等[59]，本书仅针对延安新区高填方工程的地下水疏排措施进行介绍。

3.5.1　排水盲沟的设置原则

根据工程场地的地形地貌、工程地质与水文地质条件、填料特性和原场地处理方式等因素，确定的排水盲沟设置原则如下[69]。

1.　平面布置原则

在工程场地范围内，根据原有水系分布，结合原场地沟谷地形，以不改变或破坏原有水系及流向为基本原则，设置地下排水系统。对汇水面积和流量大的冲沟（或低洼沟渠）设置主盲沟；在小冲沟位置设置次盲沟；此外，每一个泉眼或渗流点均设置排水支盲沟，支盲沟底面的标高低于泉水出水口底面。如图 3-5-1所示，全区次盲沟与主盲沟相连接，而支盲沟与主盲沟或次盲沟相连接，总体呈树枝状布置。

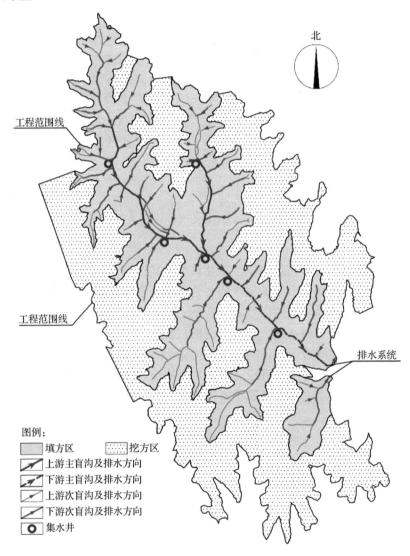

图 3-5-1　地下盲沟排水系统示意图

2. 坡度控制原则

为保证全区的排水通畅，主盲沟纵向坡度不小于 0.5%，次盲沟和支盲沟纵向坡度不小于 1%。盲沟的埋置深度，须满足渗水材料的顶部不低于原有地下水位。

3. 局部强排原则

在主盲沟和次盲沟连接部位、淤地坝下游部位设置若干集水井，用于地下水位观测和抽水，以监测和控制关键部位的地下水位。在谷底基岩陡坎初露区域，人为铺设过渡坡体，保持盲沟系统运行通畅。

4. 组织协调原则

地下排水工程与原场地处理工程相结合，当地下水排水工程与原场地处理工程不相互影响时，可同时或提前进行；当原场地存在软弱土时，首先进行软弱土地基加固，以保证盲沟基槽开挖稳定性，避免盲沟铺设后发生过大变形；大面积场地排水系统铺设一般采取分段施工，但是当下游盲沟尚未完全建成时，不能与上游盲沟接通；雨期施工时，设置临时排水系统，并对在建的永久排水结构进行保护，避免泥水进入后造成盲沟淤堵。

3.5.2　一般区域的排水盲沟设置

1. 盲沟选型

黄土高填方工程地下排水盲沟的形式主要有碎石盲沟和管式盲沟两类，二者的对比如表 3-5-1 所示。碎石盲沟的施工工序较为简单，具有造价低、施工方便和质量易于保证等优点。当具备以下条件时可选用全碎石盲沟：①原场地沟道水流量较小，碎石盲沟足以有效排除地下渗水；②碎石可就地取材，无需远距离运输；③碎石强度、软化系数、粒径及形状均能满足要求。管式盲沟具有通水能力强、不易堵塞、对涵管周边所填碎石的强度指标要求较低等优点，但施工工序较为复杂，涵管需保证足够大强度并采取保护措施，防止涵管在上覆填土荷载作用下发生压塌破坏。因此，当碎石料缺乏或对水流排泄能力要求较高时，可选择管式盲沟。

表 3-5-1　碎石盲沟和管式盲沟对比

结构形式	优点	缺点
碎石盲沟	就地取材时造价低、易于施工；填方施工时，保护设施的考虑因素少	过水量小、断面尺寸大、开挖回填土石方量大；容易淤积和堵塞；对碎石强度、质量要求高
管式盲沟	排水疏导作用好，不宜淤堵，过水量大、断面尺寸小，碎石质量要求低	造价偏高，涵管易破坏，存在不均匀沉降风险和垮塌风险

2. 主盲沟结构

为了避免下方涵管在上覆填土荷载作用下发生破损或产生过大变形，需对其进行适当的保护。保护措施可采取在管顶设置塑料盲沟等柔性材料，减小碎石对管顶挤压，起到缓冲作用；也可采用异形涵管，如在管中增加竖向支撑，提高其自身承压能力。图 3-5-2 和图 3-5-3 为延安新区高填方工程上、下游主盲沟的结构示意图，涵管顶部则专门设置了卵石垫层，在涵管下部两侧 45°范围内，用碎石填充进行保护。当盲沟底部为基岩开挖面时，在涵管上方和下方均需分别铺设碎石保护垫层；对非基岩开挖面，仅在涵管上方铺设碎石保护垫层即可。图 3-5-4、图 3-5-5 分别为铺设过程中的上、下游主盲沟的主体涵管。

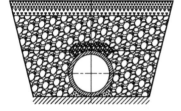
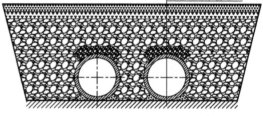

图 3-5-2　上游主盲沟结构示意图　　　　图 3-5-3　下游主盲沟结构示意图

图 3-5-4　铺设过程中上游主盲沟的主体涵管　　图 3-5-5　铺设过程中下游主盲沟的主体涵管

3. 次盲沟结构

次盲沟结构示意图如图 3-5-6 所示，上、下游次盲沟的结构形式完全相同，只是具体尺寸上存在差异，上游断面尺寸一般不宜小于 1.0m×1.2m，下游断面一般不宜小于 1.5m×1.5m，均采用碎石包裹软式透水管的结构形式，碎石粒径由内向外逐级减小。图 3-5-7 为次盲沟现场施工图。

图 3-5-6　次盲沟结构示意图

图 3-5-7　次盲沟现场施工图

4. 支盲沟结构

当冲沟存在以下降泉形式出露的地表水流时还应通过支盲沟将其引入主盲沟或次盲沟，支盲沟断面尺寸在现场根据其流量确定。支盲沟结构示意图如图 3-5-8 所示，现场施工图如图 3-5-9 所示。

图 3-5-8　支盲沟结构示意图　　　　　图 3-5-9　支盲沟现场施工图

5. 盲沟接头处理

盲沟接头处理主要包括主盲沟内涵管间的拼接处理以及主、次盲沟间的接头处理，以上均属于地下排水系统的薄弱环节，设计和施工不当时容易造成地下排水系统的淤堵甚至失效。为了便于涵管运输，并能很好地适应地形变化，涵管采用分节分段埋设方式，两节涵管间距 10cm 左右，涵管间的连接采用土工格栅包裹，起到保护和韧性连接作用，土工格栅包裹每节涵管宽度不小于 20cm，主盲沟涵管连接处结构示意图如图 3-5-10 所示，图 3-5-11 为主盲沟涵管现场拼接施工图。

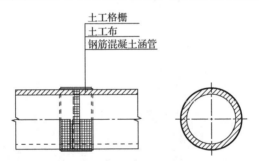

图 3-5-10　主盲沟涵管连接处结构示意图

图 3-5-11　主盲沟涵管现场拼接施工图

主、次盲沟连接结构如图 3-5-12 所示，主、次盲沟接头处，其底面处于同一标高，并保证次盲沟软式透水管深入主盲沟碎石层内至少 50cm，图 3-5-13 为主、次盲沟连接现场施工图。

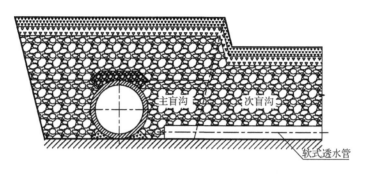

图 3-5-12　主、次盲沟连接结构示意图

图 3-5-13　主、次盲沟连接现场施工图

3.5.3　特殊区域的排水盲沟设置

1. 沟底陡坎地段的排水盲沟设置

当原场地出现岩质陡坎、小沟时，盲沟铺设难以满足设计坡度要求，可局部进行专门处理，使沟体完整。当陡坎高度不大于 2m 时，对陡坎进行开挖处理以形成不陡于 1∶1 的斜坡后再铺设涵管；当陡坎高度大于 2m 时则专门设置过渡段，以保证涵管中的水流通畅，过渡段的盲沟断面如图 3-5-14 所示，坡度应根据陡坎高度和地形确定，现场实际施工如图 3-5-15 所示。

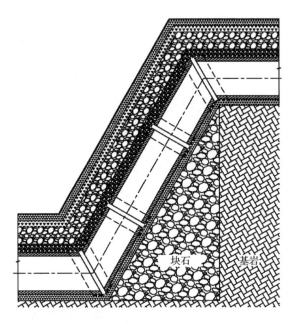

图 3-5-14　基岩陡坎处盲沟断面示意图

图 3-5-15　基岩陡坎处盲沟铺设现场施工图

2. 陡立直坡地段的排水盲沟设置

当坡体局部区域基岩出露或存在陡立直坡时,为了防止裂隙水和雨水沿着填土与岩质坡体交接面下渗,可紧贴岩壁每隔50～100m增设竖向支盲沟(图3-5-16)。当岩壁顶部设置盲沟时,竖向支盲沟与顶部盲沟相连;当直立陡壁大面积渗水明显时，可紧贴岩体加铺一定宽度碎石层代替竖向支盲沟，以增大竖向排水体面积，对外渗裂隙水进行疏导。无论是增铺竖向盲沟还是竖向的成片碎石层，均与土方填筑同步施工（图 3-5-17）。

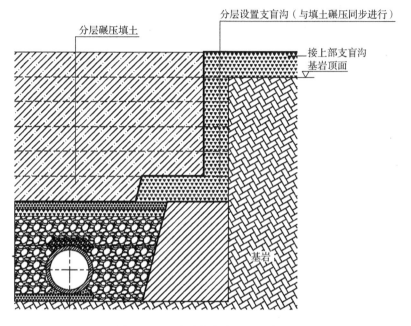

图 3-5-16　陡壁支盲沟断面示意图

图 3-5-17　陡壁支盲沟与土方填筑同步施工

3.5.4　环境水控制辅助性措施

1. 施工期临时排水措施

在原场地处理及土方填筑施工过程中，尤其是施工期或造地面硬化前大气降水形成较大的汇水面后，若任其漫流可能对施工作业面或临时造地面产生冲蚀破坏（图 3-5-18）。因此，黄土填方工程施工期需提前规划和安排雨期临时排水措施。施工期主要临时排水措施包括：①分段施工时，当原场地下游盲沟尚未建成时，不宜与上游盲沟接通，应设临时并行排水沟（图 3-5-19），并应对施工中的盲沟主体进行防护（图 3-5-20），防止淤堵；②土方填筑时，施工作业面上的临时排水设施，应满足地表水（含临时暴雨）、地下水和施工用水等的排放要求，并与地面工程的永久性排水措施相结合，造地面形成后，应根据需要在主要建筑区域进行强夯补强与硬化作业；③大范围土方填筑施工时，可人为设置多处临时蓄水池（图 3-5-21）和拦水坝（图 3-5-22），对大面积汇水进行分级蓄存与拦截。

图 3-5-18　某工程雨期造地面冲蚀破坏

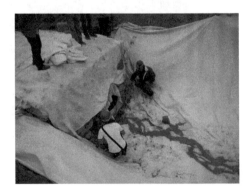

图 3-5-19　施工期临时排水沟　　　　图 3-5-20　施工期对永久排水系统防护

图 3-5-21 施工期临时蓄水池　　　　图 3-5-22 施工期临时拦水坝

施工期临时排水的主要作用包括：①通过临时性辅助排水，防止原场地排水系统在施工期发生淤堵；②通过防洪拦水坝实现"错峰泄洪"，拦截泥沙，减少对施工场区外居民区的污染；③通过蓄水池、拦水坝等措施，起到部分"预浸水"作用，加速施工期填筑体沉降，减小工后沉降量；④夏季时填料水分蒸发较快，难以达到压实系数要求时，可抽取临时蓄水池和拦水坝中的蓄存水进行喷洒，调节填料含水率，减小填筑施工难度，兼具施工期防扬尘作用（图 3-5-23）。

图 3-5-23 施工期防扬尘处理

2. 人工集水与利用措施

西北黄土高原干旱少雨，水资源十分紧张，因此对地表水与地下水应予以收集并充分利用。在主盲沟每隔一定距离、主盲沟与次盲沟连接部位、淤地坝下游部位、集中的汇水点等位置应设置集水井。集水井与土方同步施工至造地面设计标高，其平面位置应注意避开规划中的建筑和交通道路，并且预埋钢筋护手，以便下井检修（图 3-5-24）。集水井可辅助实现场地地下水的综合利用，其主要作用包括：①施工期间可作为防扬尘取水井；②竣工后可以作为绿化带浇灌、景观（水池、溪流）等用水；③可作为地下水环境（水位、水质等）变化的监测井（图 3-5-25）；④原场地排水系统若局部失效时，可人工强排，降低水位，对高填方工程的长期安全具有辅助作用。

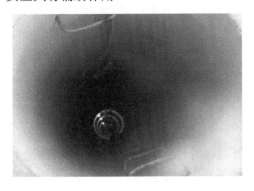

图 3-5-24　集水井井下检修　　　　　　图 3-5-25　地下水监测用井

综上所述，延安新区的高填方工程采用了多种形式的盲沟形式，制定了详细的地下盲沟铺设方案，兼顾了施工期的排水系统保护与辅助排水措施，建成了系统的地下排水网络。地下排水盲沟系统建成初期的水质情况如图 3-5-26 所示，在竣工初期，主盲沟出水口的水质较为浑浊，主要原因在于块、碎石料自身具备一定含泥量，且在盲沟施工期间混入了少量周边土料；地下排水盲沟系统建成数月后的水质情况如图 3-5-27 所示，竣工数月后，盲沟内的泥沙排泄干净，主盲沟出水口的水质逐渐变得清澈。

图 3-5-26　地下排水盲沟系统　　　　　图 3-5-27　地下排水盲沟系统
　　　　　建成初期水质情况　　　　　　　　　建成数月后水质情况

该工程采取了因地制宜的地下水控制措施，通过原场地盲沟排水、填筑体压实防渗、造地面硬化阻隔等系列方法，构建了立体式的防渗排水系统。工程实践结果表明，各类防渗排水措施能在减少地下水补给量的同时，增大上、下游水力梯度，确保地下水疏排通畅，该工程所采取的系列环境水控制措施是合理可行的。由于各类高填方工程的控制因素、工程特点、地形地貌、地质构造、地层岩性等不同，类似工程应根据其特点与条件，借鉴延安新区工程经验，制定针对性的地下水疏排和控制方案。

3.6　小　　结

　　本章就黄土高填方工程建设的总体思路和基本原则进行了简要说明，对高填方工程的建设过程进行了简要介绍和定性分析。以延安新区黄土高填方工程为例，对工程涉及的交接面、临空面、造地面、原场地、填筑体和环境水六要素，以及原场地处理、土方填筑、边坡工程和排水工程四个环节的技术要点进行了全面总结，详细展示了黄土高填方工程的形成过程。以上六要素和四项内容只是为了提供更加清晰的建设思路而人为划分，并非完全孤立。各要素之间相互作用、相互影响，具体工程建设过程中应根据工程实际控制、平衡和协调好各要素之间的关系，以最合理的时间、造价和环境资源等解决黄土高填方工程的关键技术问题，保证工程各项功能的实现。此外，处于湿陷性黄土地区的高填方工程应格外注意黄土的水敏性问题，确保工程设计中对环境水的稳妥处理；应开展先期试验研究，评价地基处理方法及其施工工艺在场区的适用性和处理效果，并确定设计、施工、检测指标和参数。

第4章 高填方场地变形的模型试验研究

黄土高填方场地的沉降变形规律复杂、影响因素多样，工程建设之初可通过离心模型试验方法直观展现和了解黄土高填方场地变形及稳定的基本规律，指导高填方工程的概念设计、地基处理方案的初步制定以及原位监测系统的设计。本章以沟谷地形中黄土高填方场地为原型，概化地质模型，简化边界条件，开展土工离心模型试验，模拟沟谷地形中填筑体施工期和长期工后沉降过程，分析时间、填筑速率、沟谷刚度、沟谷形状、填土厚度、压实系数和填土增湿等因素对填筑体沉降的影响[70-74]，并就试验方法与成果进行初步讨论，以期为今后黄土高填方工程的初步设计提供参考。

4.1 离心模型试验相似条件

普通物理模型试验是将原型按一定的比例缩小制成模型，在正常重力加速度（1g）条件下进行试验，然后根据模型试验观测结果推算到原型。这种试验虽然直观且测量简单，但模型与原型各对应点的应力水平不相似却是难以克服的问题，尤其对以自重应力为主导因素的高填方工程，很难真实地反映原型的变形规律。离心模型试验正是基于这个要求而发展起来的一种新的研究手段，其最大特点是能够有效地实现模型与原型之间的重力相似性。

土工离心模型试验是通过离心加速度增加土体自重应力，在保证原型与模型几何相似的前提下，可保持两者力学特性相似、应力-应变相同、破坏机理相同、变形相似，可在短时间再现原型特征，被广泛应用于地基的变形预测与分析。离心模型试验是以相似理论为基础，将原型材料按照一定比例制成模型后，置于由离心机生成的离心场中，在模型上施加 n 倍重力的离心惯性力，补偿模型因缩尺（1/n）所造成的自重应力降低，模型产生 n 倍的缩尺效应、n^2 倍的缩时效应、n^3 的强化能量效应。假定模型与原型材料相同，当离心模型试验加速度为 ng 时（n 为模型率，g 为重力加速度），离心模型与原型为等应力状态，且两者的变形与破坏过程保持相似，本试验中原型与模型主要物理量的相似率详见表 4-1-1。

表 4-1-1　土工离心模型试验中原型与模型的相似率关系

物理量	符号	量纲	原型 （加速度 1 g）	模型 （加速度 n g）
长度	l	L	1	$1/n$
位移	u	L	1	$1/n$
应力	σ	$ML^{-1}T^{-2}$	1	1
应变	ε	1	1	1
面积	A	L^2	1	$1/n^2$
体积	V	L^3	1	$1/n^3$
坡度	J	1	1	1
质量	m	M	1	$1/n^3$
密度	ρ	ML^{-3}	1	1
重度	γ	$ML^{-2}T^{-2}$	1	n
力	F	MLT^{-2}	1	$1/n^2$
时间	t	T	1	$1/n^2$

4.2　高填方场地离心模型试验方法

4.2.1　试验设备

试验设备采用长江科学院的 CKY-200 型土工离心试验机（图 4-2-1）。离心机的旋转半径为 4m，有效半径为 3.7m，最大容量为 200g·t，模型箱尺寸为 100cm（长）×40cm（宽）×80cm（高）。模型内部土压力监测采用微型土压力计，实物照片如图 4-2-2（a）所示。微型土压力计由中国工程物理研究院提供，直径为 12mm，厚度为 2mm，测量范围为 0～2000kPa，测量精度为±0.1% F.S（full scale，满量程）。模型顶面沉降监测采用激光位移计，位移计型号为 CP08MHT80，测量范围为 50mm（工作间距为 30～80mm），静态分辨率为 8μm，实物照片如图 4-2-2（b）所示。此外，模型箱侧壁为透明的有机玻璃，试验过程采用高速摄像机拍摄模型侧表面照片用于分析位移场变化。

本次在离心模型试验中采用的降雨装置如图 4-2-3 所示。该装置通过介质雾化喷嘴将水雾化，使水相对均匀地喷洒到模型表面，其优点包括：①经雾化后的雨滴体积很小，可减少对模型表面土体的影响；②通过调整空气压力射流，可控制降雨强度；③通过控制进水管开闭时间，可控制降雨时长。

图 4-2-1　CKY-200 型土工离心试验机

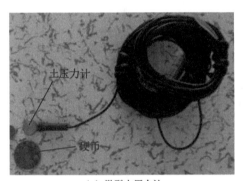

（a）微型土压力计

（b）激光位移计

图 4-2-2　土工离心模型试验机配套传感器

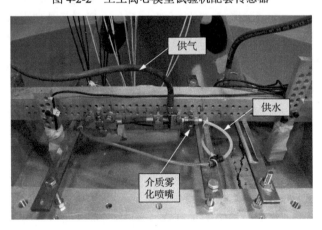

图 4-2-3　土工离心模型试验的降雨装置

本次试验将降雨喷头布置在模型箱的中间断面处，相邻喷头水平间距为 15cm，喷洒范围可覆盖模型上部表面的全部区域。

4.2.2　试验方案设计

本工程填筑体的主要填料为黄土，因此本次模型制作采用离石黄土。试验土料取自工程试验场地的挖方区。本次根据《土工试验方法标准》（GB/T 50123—2019）测得试验土料的液限 w_L=16.8%，塑限 w_p=29.9%，颗粒相对密度 G_s=2.73，不均匀系数 C_u=9.65，曲率系数 C_c=1.15，平均粒径 d_{50}=0.042mm。重型击实试验测得的最大干密度 ρ_{dmax}=1.94g/cm³，最优含水率 w_{op}=12.1%。

离心模型试验尚无法保证模型与原型完全相似，因此本次试验根据所依托工程原场地和填筑体特征，设计模型尺寸，选择模型材料，构建与原型部分相似的地质概化模型，共设计了 7 组离心模型试验，试验方案如表 4-2-1 所示，各模型的尺寸及监测点布置情况如图 4-2-4 所示，各模型的照片如图 4-2-5 所示。表 4-2-1 中根据模型尺寸的不同，将模型分成了 A、B、C 三种类型，A 为沟谷全断面模型，分为 A-I、A-II、A-III 三个亚类；B、C 为沟谷半断面对称模型。上述 7 组模型用于对比各因素变化对沉降变形的影响：T1 与 T2 对比沟谷刚度变化的影响；T2 与 T3 对比填土厚度变化的影响；T3 与 T4 对比原场地沟谷地形变化的影响；T4 与 T5、T6 与 T7 对比填土压实系数变化的影响。此外，T4 模型用于对比模型与原型的沉降变形。在 7 组模型中，T1～T6 模型中填筑体的压实系数上下一致；T7 模型中填筑体上部 30cm（对应原型 30m）的压实系数为 0.85，下部 30cm（对应原型 30m）的压实系数为 0.80。

表 4-2-1　土工离心模型试验方案

试验编号	加速度 a/g	模型类型	原型最大厚度/m		原场地模拟类型	沟谷坡度/(°)	含水率 $w/\%$	填土干密度 ρ_d /(g/cm³)	压实系数 λ
			原场地	填筑体					
T1	100	A-I	10	60	柔性沟谷	60	16.0	1.65	0.85
T2	100	A-II	10	60	刚性沟谷	60	16.0	1.65	0.85
T3	160	A-III	0	112	刚性沟谷	60	12.0	1.65	0.85
T4	160	B	0	112	刚性沟谷	45	12.0	1.65	0.85
T5	160	B	0	112	刚性沟谷	45	12.0	1.56	0.80
T6	100	C	0	60	刚性沟谷	30	12.0	1.65	0.85
T7	100	C	0	60	刚性沟谷	30	12.0	上半部：1.65 下半部：1.56	上半部：0.85 下半部：0.80

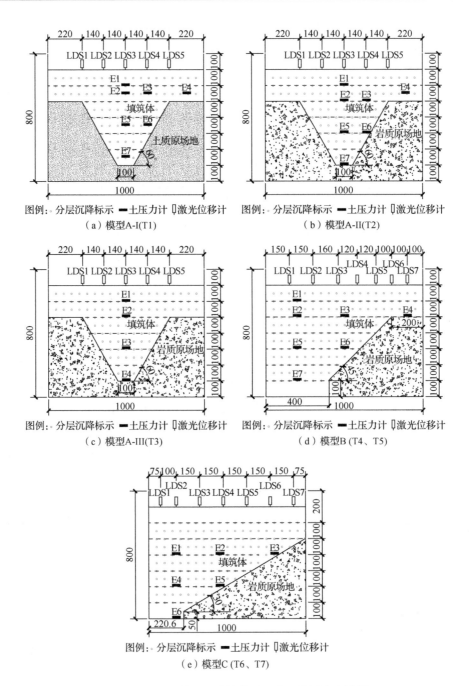

图例：∘分层沉降标示 ━土压力计 ▯激光位移计
（a）模型A-I(T1)

图例：∘分层沉降标示 ━土压力计 ▯激光位移计
（b）模型A-II(T2)

图例：∘分层沉降标示 ━土压力计 ▯激光位移计
（c）模型A-III(T3)

图例：∘分层沉降标示 ━土压力计 ▯激光位移计
（d）模型B (T4、T5)

图例：∘分层沉降标示 ━土压力计 ▯激光位移计
（e）模型C (T6、T7)

图 4-2-4　离心模型试验的模型尺寸及监测点布置图

（a）模型 A-I (T1)

（b）模型 A-II (T2)

（c）模型 A-III (T3)

（d）模型 B (T4、T5)

（e）模型 C (T6、T7)

图 4-2-5　离心模型试验的模型照片

　　填土增湿模拟试验的具体方案如表 4-2-2 所示。本次对填土增湿模拟采用雾化降雨和注水浸泡两种方式（图 4-2-6）。当开展离心模型试验增湿模拟时，首先通过控制离心加速度大小和时长模拟施工期和工后期阶段，然后进行工后期增湿模拟。T2～T4 模型待工后沉降模拟试验结束后停机，进行注水浸泡增湿。T1、T5～T7 在工后沉降模拟试验结束后继续保持离心加速度不变，在运行过程中进行雾化降雨，其中 T5～T7 模型运行至沉降稳定后，继续注水浸泡，再次进行增湿后的模拟试验。

表 4-2-2　填土增湿模拟试验方案

试验编号	加速度/g	降雨时离心机状态	浸水时离心机状态	降雨方式	注水浸泡时长/h	模型降雨强度/（mm/h）	模型降雨历时/s	模拟原型降雨历时/d	模拟降雨强度等级
T1	100	运行		雾化降雨		200	420	48.6	大雨
T2	100		停机	注水浸泡	48				
T3	160		停机	注水浸泡	72				
T4	160		停机	注水浸泡	72				
T5	160	运行	停机	雾化降雨+注水浸泡	48	200	420	124.4	大雨
T6	100	运行	停机	雾化降雨+注水浸泡	48	200	420	48.6	大雨
T7	100	运行	停机	雾化降雨+注水浸泡	48	200	420	48.6	大雨

（a）雾化降雨

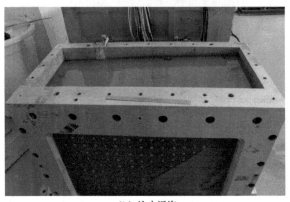

（b）注水浸泡

图 4-2-6　模型中填土增湿方式

4.2.3　试验方法与步骤

在离心模型试验过程，根据现场施工过程，可以有如下的加载方式。

（1）停机加载法：停机→分层填筑→开机运行至设计加速度，然后重复这一过程，每一填筑层均在离心机停机状态下进行。

（2）变加速度加载法：停机→分层填筑→开机运行至设计加速度→运行至设定时间→加速至另一设计加速度，试验期间不停机。

（3）恒加速度加载法：离心机加速至设计加速度后保持不变，通过离心机内设置的加料装置，实现分层填筑。

本次试验受设备性能限制，为了尽量贴近实际土方填筑过程，采取"变加速度加载法"。根据表 4-1-1 中的相似率关系，原型高度 H 与模型高度 h 之间的关系为 $H=ah/g$，a 为离心加速度。在离心加速度增大过程，模型被线性放大，模型所模拟的原型高度也逐步增加，因此通过离心加速度增加过程可近似地模拟高填方场地填筑体施工过程。根据离心模型试验原理，原型与模型加载时间的关系为

$$T = \int (a/g)^2 t\mathrm{d}t \qquad (4\text{-}2\text{-}1)$$

式中：T 为工程原型填筑施工的总时间；a 为不同时刻的离心加速度；t 为模型加载时间。

由式（4-2-1）计算出的模型加载过程，初期加速度小而耗时漫长。为此，在具体实施过程中按照式（4-2-2）加载。

$$T = (a_{\max}/g)^2 t \qquad (4\text{-}2\text{-}2)$$

式中：$a_{\max}$ 为最大离心加速度。

7 种模型的加载过程曲线如图 4-2-7 所示。

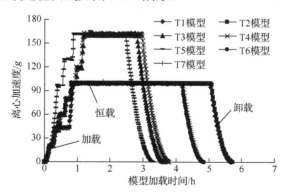

图 4-2-7　模型加载过程曲线

试验依据《土工离心模型试验技术规程》[75]（DL/T 5102—2013）进行，制定主要试验步骤如下。

1）土料配制

将黄土晒干、破碎、过筛，按照表 4-2-1 中的设计含水率配制土料，密封静置 24h，使土料中水分均匀分布。

2）模型制作

模型制作包括原场地模型制作和填筑体模型制作两部分。

（1）原场地模型制作。①当原场地土层厚度较薄时，将原场地下部简化为岩质地基。根据沟谷模型设计尺寸，采用重晶石、水泥和石膏按照沟谷尺寸浇筑形成"刚性沟谷"模型（T2～T7 模型），试验前对该沟谷模型留取的试块进行单轴抗压强度试验，测得弹性模量为 2.79GPa，抗压强度为 16.3MPa。②当原场地土层较厚时，简化为土质地基（T1 模型）。先用土料逐层夯填至模型箱内，启动离心模型试验机，逐级升高加速度至设计值，使模型箱内土体固结，停机后按照模型设计尺寸开挖多余部分土体（图 4-2-8），形成"柔性沟谷"模型。

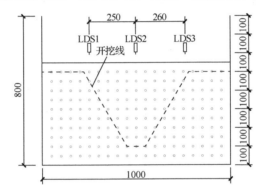

图 4-2-8　模型 A-I（T1 模型）的原场地固结试验模型

（2）填筑体模型制作。在制作完成的原场地模型沟槽内按表 4-2-1 中的设计含水率、干密度，将土料自下而上逐层人工夯填。为避免填筑体内出现明显的分层现象，制作模型时，分层表面采取刮毛处理，确保土层间接触良好。

3）观测设备安装

在模型箱内土料逐层夯填过程，按设计位置逐个埋设微型土压计，设置分层沉降标示点。填筑体制作完成后，将模型箱与配重吊装到土工离心机上，在模型箱上部安装激光位移计，最后调试数据采集系统。

4）加载试验

启动土工离心机，逐级升高离心加速度至设计值。施工期模拟：离心机加速过程模拟土方填筑施工过程，加速快慢模拟施工快慢。工后期模拟：离心机加速度达到设计值后，维持加速度不变模拟工后期。

5）填土增湿试验

填土增湿试验分为降雨增湿试验和浸水增湿试验两种。

（1）降雨增湿试验。当工后期沉降稳定后，将离心机停机，布设降雨装置，逐级提高加速度，当加速度到达设计加速度并待变形稳定后，启动降雨装置，按照设计降雨强度降雨，全程采集和记录传感器监测数据，试验完成后停机。

（2）浸水增湿试验。当进行浸水增湿试验时，将离心机停机，向模型箱内注水，浸水完毕后，逐级增大加速度至设计加速度，待沉降稳定后停机。试验结束后，在模型中部断面不同深度处取样，测定土样的含水率和干密度。T1～T7 模型的具体增湿试验过程如下。

① T1 模型：降雨工况。首先在模型中安装降雨装置，接着启动离心机加速至 100g 运行至沉降稳定，然后启动降雨装置模拟降雨，模型降雨强度为 200mm/h、降雨时长 420s，最后运行至沉降稳定。

② T2、T3、T4 模型：浸水工况。首先向 T2、T3、T4 模型箱中注水，水位高度约 10cm，分别浸泡 48h、72h、72h，然后启动离心机分别加速至 100g、160g、160g 并运行至沉降稳定。

③ T5、T6、T7 模型：降雨工况+浸水工况。首先在模型中安装降雨装置，接着启动离心机，T5、T6、T7 模型分别加速至 160g、100g、100g 运行至沉降稳定，然后启动降雨装置降雨，降雨强度均为 200mm/h，降雨时长均为 420s，最后运行至沉降稳定。降雨结束后停机，向 T5、T6、T7 模型箱中注水浸泡 48h，然后再次启动离心机分别逐级加速至 160g、100g、100g 运行至沉降稳定。

6）数据采集

离心模型试验监测内容包括试验全程的沉降、土压力和位移矢量。试验过程中传感器监测数据的采集频率为 1 次/s。试验过程采用高速摄像机对模型侧面的分层沉降标示点连续拍摄照片，采用 GeoPIV 图像处理技术分析得到填筑体断面的位移场变化量。

7）外观观测

离心机停机后，观察并记录模型各部位外观变化情况。试验结束后，拆除模型。

4.3　离心模型试验结果与分析

当进行离心模型试验结果分析时，根据表 4-1-1 中离心模型试验中原型与模型的相似率关系，将离心模型试验结果换算为原型结果。7 组模型对应原型的表面沉降量统计结果如表 4-3-1 所示。

表 4-3-1　各模型对应原型的表面沉降量统计结果

试验编号	参数	测点编号						
		LDS1	LDS2	LDS3	LDS4	LDS5	LDS6	LDS7
T1	原型土层厚度/m	20.0	44.4	60.0	44.4	20.0		
	施工期（历时 1269d）沉降量/mm	1238	1537	1530	1415	920		
	工后（历时 1722d）沉降量/mm	560	607	610	599	570		
	总沉降量/mm	1798	2144	2140	2014	1490		
	施工期沉降量占比/%	68.9	71.7	71.5	70.3	61.7		
T2	原型填土厚度/m	20.0	44.4	60.0	44.4	20.0		
	施工期（历时 350d）沉降量/mm	293	450	622	547	359		
	工后（历时 1754d）沉降量/mm	144	198	239	220	144		
	总沉降量/mm	437	648	861	767	503		
	施工期沉降量占比/%	67.0	69.4	72.2	71.3	71.4		
T3	原型填土厚度/m	32.0	71.0	112.0	71.0	32.0		
	施工期（历时 1269d）沉降量/mm	462	680	782	714	440		
	工后（历时 1722d）沉降量/mm	202	310	357	290	185		
	总沉降量/mm	664	990	1139	1004	625		
	施工期沉降量占比/%	69.6	68.7	68.7	71.1	70.4		
T4	原型填土厚度/m	112.0	112.0	86.4	67.2	48.0	32.0	32.0
	施工期（历时 1254d）沉降量/mm	2011	2220	2131	1489	907	146	274
	工后（历时 1889d）沉降量/mm	598	586	540	472	267	138	80
	总沉降量/mm	2609	2806	2671	1961	1174	284	354
	施工期沉降量占比/%	77.1	79.1	79.8	75.9	77.3	51.4	77.4
T5	原型填土厚度/m	112.0	112.0	86.4	67.2	48.0	32.0	32.0
	施工期（历时 951d）沉降量/mm	4105	3398	3268	2163	1075	231	196
	工后（历时 1678d）沉降量/mm	865	820	708	557	288	198	62
	总沉降量/mm	4970	4218	3976	2720	1363	429	258
	施工期沉降量占比/%	82.6	80.6	82.2	79.5	78.9	53.8	76.0
T6	原型填土厚度/m	60.0	60.0	49.4	40.7	32.1	23.4	14.8
	施工期（历时 366d）沉降量/mm	341	89	181	168	39	60	30
	工后（历时 1375d）沉降量/mm	229	231	213	199	157	186	196
	总沉降量/mm	570	320	394	367	196	246	226
	施工期沉降量占比/%	59.8	27.8	45.9	45.8	19.9	24.4	13.3
T7	原型填土厚度/m	60.0	60.0	49.4	40.7	32.1	23.4	14.8
	施工期（历时 372d）沉降量/mm	2474	2428	2142	1153		96	56
	工后（历时 1381d）沉降量/mm	454	448	403	259		70	32
	总沉降量/mm	2928	2876	2545	1412		166	88
	施工期沉降量占比/%	84.5	84.4	84.2	81.7		57.8	63.6

　　各模型的沉降量变化规律基本一致，典型模型的沉降量历时曲线（T5 模型）如图 4-3-1 所示。由图可知，随着离心加速度逐级升高，施工期沉降量呈阶梯式增大；当达到离心加速度设计值并保持不变时，工后期沉降量曲线逐步趋于稳定。试验结束时，T5 模型（112.0m 厚度处）施工期沉降量达 4105mm，占总沉降量比例的 82.6%，是 7 组模型中施工期沉降量最大的模型。试验结束时，各模型在填土最厚位置的施工期沉降量占总沉降量的比例，平均值为 74.1%，最大值为 84.5%，表明填筑体的沉降量主要发生在施工期。

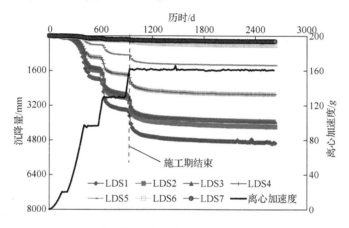

图 4-3-1　典型模型的沉降量历时曲线（T5 模型）

4.3.1　模型土压力分布规律

　　在离心模型试验加载及恒载时，连续读取土压力计观测值。各模型在不同离心加速下的变化规律基本一致，这里仅列出 T7 模型的土压力时程曲线，如图 4-3-2 所示。由图 4-3-2 可知，随离心加速度分级增大，土压力呈阶梯状增大，当加速度增大至设计值并保持稳定后，土压力逐步趋于不变值。

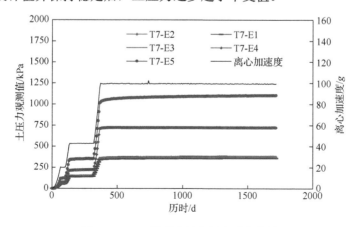

图 4-3-2　T7 模型中的土压力时程曲线

当模型达到设计离心加速度时，7 组模型不同埋深处的土压力观测结果如表 4-3-2 所示，土压力观测值与填土厚度关系如图 4-3-3 所示。表 4-3-2 中土压力计算值采用土柱法计算：$p=\gamma h$［γ 为模型中土的重度（kN/m^3），h 为原型土层厚度（m）］。由表 4-3-2 和图 4-3-3 可知，在 T4 模型中，沟谷中部测点 T4-E5 及沟谷斜坡上部测点 T4-E6 的土压力计埋深均为 40cm（对应原型埋深 64m），T4-E6 是 T4-E5 土压力观测值的 1.33 倍；T5 模型中，沟谷斜坡上部测点 T5-E6 是沟谷中部测点 T5-E5 土压力观测值的 1.30 倍。在 T7 模型中，T7-E1、T7-E2 和 T7-E3 土压力计埋深同为 20cm（对应原型埋深 20m）的测点，沟谷斜坡上部测点 T7-E2、T7-E3 的土压力观测值分别是沟谷中部 T7-E1 土压力观测值的 1.04 倍和 1.09 倍。当填土厚度相同时，模型中下部填土中的土压力观测值由沟谷中心向沟谷斜坡一侧增大，即沟谷中部的部分土压力由沟谷斜坡处分担，表明这些模型的填土内部产生"土拱效应"。T4、T5 模型（坡度为 45°）相对 T7 模型（坡度为 30°）较为狭窄，T4、T5 模型与 T7 模型相比，狭窄沟谷对沟谷中部土压力的分担作用更高，沟谷斜坡可作为支撑的拱脚存在，容易满足成拱条件，更易产生"土拱效应"。

表 4-3-2　7 组模型不同埋深处的土压力观测结果

试验编号	加速度/g	模型中埋深/cm	10	15	20			35	40		55	60
	100	对应原型中埋深/m	10	15	20			35	40		55	60
	160		16	24	32			56	64		88	96
T1	100	测点编号	T1-E1	T1-E3				T1-E5			T1-E7	
		计算值/kPa	191	287	383	383	383	670	766	766	1053	1148
		观测值/kPa	189	320				692			1131	
T2	100	测点编号	T2-E1		T2-E3			T2-E5				T2-E7
		计算值/kPa	191	287	383	383	383	670	766	766	1053	1148
		观测值/kPa	205		387			718				1084
T3	160	测点编号	T3-E1		T3-E2			T3-E3				T3-E4
		计算值/kPa	296	444	591	591	591	1035	1183	1183	1626	1774
		观测值/kPa	306		463			1235				1852

续表

试验编号	加速度/g	模型中埋深/cm	10	15	20			35	40		55	60
	100	对应原型	10	15	20			35	40		55	60
	160	中埋深/m	16	24	32			56	64		88	96
T4	160	测点编号	T4-E1		T4-E2		T4-E4		T4-E5	T4-E6		T4-E7
		计算值/kPa	296	444	591	591	591	1035	1183	1183	1626	1774
		观测值/kPa	352		564		720		920	1225		1545
T5	160	测点编号	T5-E1				T5-E4		T5-E5	T5-E6		T5-E7
		计算值/kPa	280	419	559	559	559	978	1118	1118	1538	1677
		观测值/kPa	293				647		935	1213		1529
T6	100	测点编号			T6-E2				T6-E4			T6-E6
		计算值/kPa	185	277	370	370	370	647	739	739	1016	1109
		观测值/kPa			368				753			1155
T7	100	测点编号			T7-E1	T7-E2	T7-E3		T7-E4			T7-E6
		计算值/kPa	185	277	370	370	370	642	729	729	991	1079
		观测值/kPa			341	355	370		712			1083

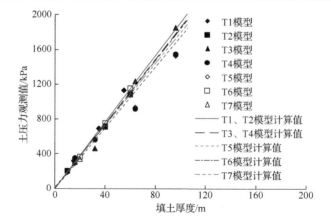

图 4-3-3　土压力观测值与填土厚度关系

4.3.2　时间对沉降影响分析

综合 T2、T3、T4、T5 离心模型试验成果，填筑体沉降随时间变化呈现出以下规律。

（1）如图 4-3-4 所示，以竣工时间为节点，施工期沉降曲线陡直，沉降量显著，随着填筑施工的结束，沉降曲线明显趋缓。经计算，图中 T2 模型填筑厚度分别为 20.0m、44.4m、60.0m 的测点对应施工期沉降比（施工期沉降量/总沉降量）分别为 69.4%、70.5%、72.2%。由此可见，对于非饱和重塑黄土填料，填筑体孔隙以空气填充为主，土体沉降过程为填料压实过程，不同于饱和土体排水固结过程，土体受荷后，孔隙立即被压缩而使土体快速压实。因此，填筑体沉降以施工期沉降为主，工后沉降量占总沉降比例较小。

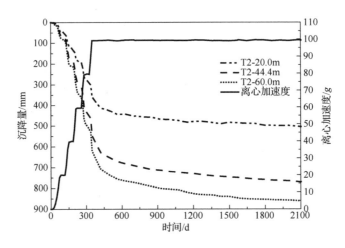

图 4-3-4　沉降量随时间变化曲线

（2）工后沉降随着时间的推移又可大致划分为"工后快速沉降期"和"工后缓慢沉降期"两个阶段。图 4-3-5 为 4 组模型中填方厚度最大处的工后沉降历时曲线，可以看出工后 0.5a 内沉降较为显著。以 T3 和 T4 模型为例，对工后 5a 离心试验数据进行回归预测，其工后最终沉降量分别为 400mm 和 667mm，工后 0.5a、1a、3a、5a 时，T3 模型可完成工后最终沉降量的 53%、58%、81%、89%，T4 模型试验可完成工后最终沉降量的 51%、64%、82%、90%。由此可见，工后 0.5a 内属于大厚度填筑体"工后快速沉降期"，一般可完成 50% 以上的工后沉降量。

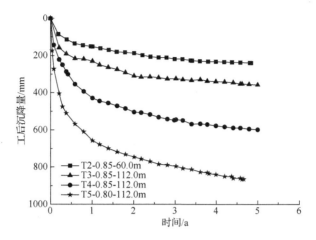

图 4-3-5　工后沉降量随时间变化曲线

（3）将图 4-3-5 的时间坐标轴以对数形式显示，如图 4-3-6 所示，则填筑体工后沉降量与时间对数呈线性关系，可用式（4-3-1）表示：

$$S = a + b \cdot \lg T \tag{4-3-1}$$

式中：S 为工后沉降量（mm）；T 为工后时长（a）；a、b 均为拟合参数，分别为图 4-3-6 中拟合直线的截距和斜率，基于本书试验条件下的拟合参数如表 4-3-3 所示。

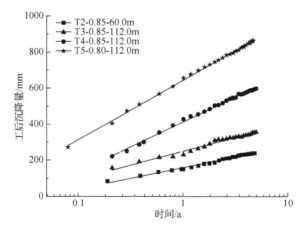

图 4-3-6　工后沉降量与时间关系

表 4-3-3　沉降曲线拟合参数

拟合参数	试验编号			
	T2	T3	T4	T5
a	159.17	249.36	405.65	633.85
b	117.79	152.95	274.72	320.20
R^2	0.998	0.979	0.999	0.997

上述试验结果表明，对于非饱和重塑黄土填料，填筑体孔隙以空气填充为主，土体沉降过程为填料压实过程，不同于饱和土体排水固结过程，土体受荷后，孔隙立即被压缩而使土体快速压实，因此，填筑体沉降以施工期沉降为主，工后沉降量占总沉降量比例相对较小。工后沉降量与时间对数线性相关，工后半年内沉降量明显，属于填筑体"工后快速沉降期"，一般可完成工后沉降量的一半以上。

4.3.3　填筑速率对沉降影响分析

离心试验以加速度提升过程近似模拟填筑施工过程，由试验结果可得如下结论。

（1）施工期沉降量与离心加速度基本保持同步，加速度提升阶段（模拟填筑施工期），沉降量增加显著，加速度平台期（模拟工歇期），沉降量曲线趋于平缓。如图 4-3-7 所示，施工期与工歇期沉降量曲线存在明显的拐点，宏观上看，随着间歇性施工，填筑体沉降量曲线呈现台阶状发展趋势。

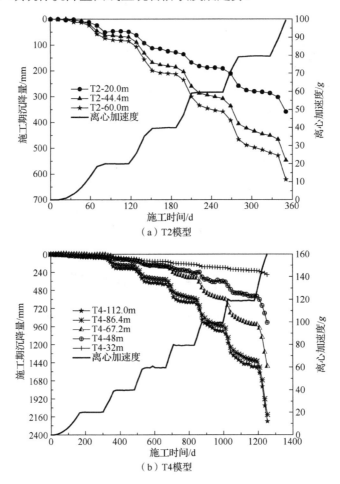

（a）T2模型

（b）T4模型

图 4-3-7　施工期沉降量随时间变化曲线

（2）定义施工期平均填筑速率 $v = H / t$ ［H 为填方高度（m）；t 为填筑时间（d），即施工总时长，包括填筑阶段和工歇阶段］，对 T2、T3、T4 试验各个测点沉降数据汇总，得到压实系数 0.85 条件下填筑速率与填筑体沉降量关系。如图 4-3-8（a）所示，同一模型内，施工期沉降量和总沉降量均随着平均填筑速率的增加而增大，并且两者的差值（即工后沉降量）也随着前期施工平均填筑速率的增加而逐步增大。

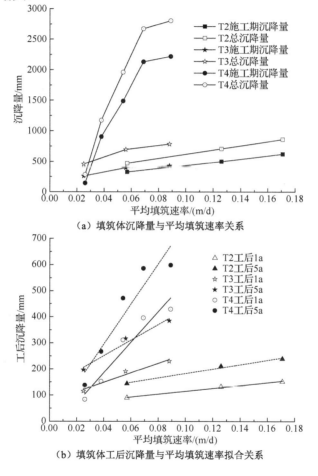

（a）填筑体沉降量与平均填筑速率关系

（b）填筑体工后沉降量与平均填筑速率拟合关系

图 4-3-8　沉降量与平均填筑速率关系曲线

图 4-3-8（b）列出工后 1a 和工后 5a 试验成果，工后沉降量与平均填筑速率呈线性关系，可用式（4-3-2）进行描述：

$$S = a + b \cdot v \tag{4-3-2}$$

式中：S 为工后沉降量（mm）；v 为施工期平均填筑速率（m/d）；a、b 均为拟合参数，分别为图 4-3-8 中拟合直线的截距和斜率。

（3）如图 4-3-9 所示，同一压实系数（0.85）条件下，填筑体平均填筑速率越大，对应施工期的平均沉降速率也越大，两者近似呈线性关系。

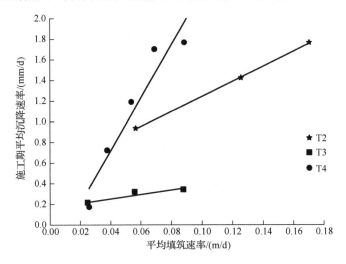

图 4-3-9　平均填筑速率与施工期平均沉降速率关系曲线

（4）工后初期沉降速率随着施工期平均填筑速率的增加表现出增大趋势。如图 4-3-10 所示，平均填筑速率越大，工后初期填筑体沉降速率越大，但沉降速率衰减也越明显；并且不同位置工后沉降速率均随时间呈现出指数衰减趋势。此外，从工后沉降速率随时间变化曲线亦可看出，工后 0.5a 内沉降速率衰减迅速，此后速率变化趋于平缓，同样说明了工后半年内属于工后沉降快速发展阶段。

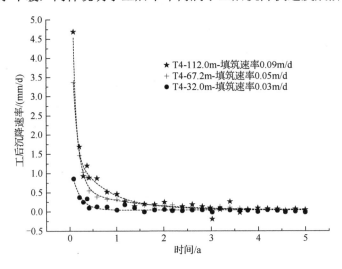

图 4-3-10　工后沉降速率随时间变化曲线

（5）施工填筑速率越快，工后沉降稳定所需时间越长。如图 4-3-10 所示，假设以 0.1mm/d 作为填筑体判稳标准，施工填筑速率 0.09m/d、0.05m/d、0.03m/d 所需工后沉降稳定时长分别为 2.8a、2.5a、0.7a 左右。

上述试验结果表明，施工期沉降与填筑施工基本保持同步，随着间歇性施工，填筑体沉降量时程曲线呈台阶状发展趋势；工后沉降量和沉降速率均随着施工期平均填筑速率的增加而增大，工后沉降量与填筑速率之间符合线性拟合关系，而工后沉降速率随时间呈现出指数衰减趋势；施工期填筑速率越快，工后沉降量越大，稳定时间越长。因此，实际工程建设时，应适当控制填筑速率，以减少工后沉降量，缩短沉降稳定时间。

4.3.4　沟谷刚度对沉降影响分析

在 7 组离心模型中，T1 模型的原场地采用夯实黄土模拟，属于小刚度沟谷原场地，模拟过程仍会发生沉降变形。T2 模型的原场地采用重晶石、水泥和石膏等按照沟谷尺寸浇筑成硬质体模拟，属于大刚度沟谷，模拟过程沉降变形很小，可忽略不计。将对称位置填土厚度为 20.0m（LDS1 与 LDS5）、44.4m（LDS2 与 LDS4）处所测表面沉降数据求平均值后，绘制 T1、T2 模型的工后沉降量随时间变化曲线，如图 4-3-11 所示。由图 4-3-11 可知，相同填土厚度位置的工后沉降，T1 模型均大于 T2 模型。本次借鉴土石坝工程中采用的变形倾度法对模型的不均匀沉降进行评价。假设在填方同一高程处有 2 个观测点 a 和 b，则定义 a、b 两点的变形倾度为

$$\eta = \frac{\Delta S}{\Delta X} \times 100\% = \frac{S_a - S_b}{\left| X_a - X_b \right|} \times 100\% \qquad (4\text{-}3\text{-}3)$$

式中：η 为变形倾度（%）；ΔS 为两点之间的沉降差（mm）；ΔX 为两测点间的水平距离（mm）；S_a、S_b 分别为 a、b 测点的累计沉降量（mm）；X_a、X_b 分别为 a、b 测点的横坐标。

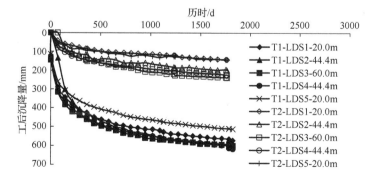

图 4-3-11　T1、T2 模型的工后沉降量随时间变化曲线

（1）由表 4-3-1 中 T1、T2 模型施工期及工后期沉降量统计结果可知，T1、T2 模型施工期最大沉降量分别为 1530mm 和 622mm，施工期沉降量占总沉降量的比例分别为 71.5%和 72.2%，二者相差不大。T2 模型与 T1 模型相同位置的施工期沉降量，T2 模型较 T1 模型减小 59.3%～76.3%，平均减小约 65.7%；T2 模型与 T1 模型相同位置的工后期沉降量，前者较后者减小 60.8%～74.7%，平均减小约 68.1%。T1、T2 模型最大工后期差异沉降量分别为 50mm、95mm，变形倾度分别为 1.8‰和 3.4‰（测点水平距离 28m），T1 模型的差异沉降量、变形倾度小于 T2 模型，表明 T1 模型的变形协调能力优于 T2 模型，可明显减少表面的不均匀沉降变形。

（2）T1、T2 模型的沉降矢量图如图 4-3-12 所示。在两类沟谷内的填筑体性质一致的条件下，认为"柔性沟谷"模型的沉降量大于"刚性沟谷"模型的沉降量的主要原因是前者比后者多出沟谷自身的沉降变形量。实际上除了该原因外，这还与"刚性沟谷"模型对填筑体变形的约束有关。

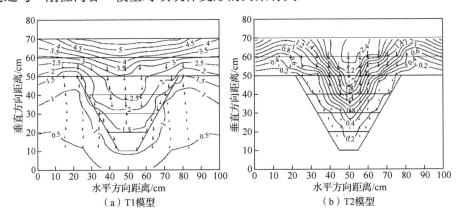

（a）T1模型　　　　　　　　　　（b）T2模型

图 4-3-12　T1、T2 模型的沉降矢量图（未按相似率换算前，单位：mm）

（3）由图 4-3-12 中的两模型的变形形态还可以发现，两模型的沉降等值曲线均呈现下凹形态，由于模型对称性，中轴线处只发生竖向变形。"刚性沟谷"模型的原场地因不发生变形，对其内部填筑体变形的约束能力更强，中轴线两侧的填筑体只能产生向下的竖向变形和朝向沟谷中心的水平变形，导致"刚性沟谷"难以腾挪出更多的沉降变形空间。"柔性沟谷"模型的原场地在自身重力荷载和上覆填土荷载作用下除了会产生向下的竖向变形，中下部还会产生少量朝向两侧的水平变形，对其内部的填筑体变形约束能力较弱，中轴线两侧的填筑体垂直变形较大，但朝向沟谷中心的水平位移较小，最终导致"柔性沟谷"的沉降量大于"刚性沟谷"，但差异沉降、变形倾度小于"刚性沟谷"。

上述试验结果表明，离心模型试验虽然难以完全模拟原型对象，但可在短时间内直观体现高填方场地的宏观沉降规律，仍是研究黄土高填方场地沉降特性的有效手段；其边界条件清晰，剔除了原场地对填筑体沉降的影响，更加有利于反映填筑体各阶段的沉降特征。由于"柔性沟谷"自身存在沉降，因此试验所得填土表面施工期沉降量和工后沉降量均大于"刚性沟谷"，但无论是差异沉降量还是变形倾度，"柔性沟谷"模型均小于"刚性沟谷"模型，即"柔性沟谷"模型具有更好的变形协调能力。

4.3.5　沟谷形状对沉降影响分析

　　T3 模型为"V"形沟谷（沟谷顶部宽为 56m，沟谷坡度为 60°，填土厚度为112.0m），T4 模型为"U"形沟谷（沟谷顶部宽为 128m，沟谷坡度为 45°，最大模拟填土厚度 112.0m）。T3、T4 模型的工后沉降量随时间变化曲线如图 4-3-13 所示，施工期及工后期沉降量统计结果如表 4-3-1 所示。

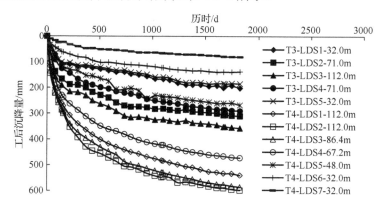

图 4-3-13　T3、T4 模型的工后沉降量随时间变化曲线

　　（1）由图表中统计数据可知，当工后沉降稳定时，T3、T4 模型对应原型在沟谷中心处的沉降量分别为 357mm、598mm，前者仅是后者的约 60%，表明"U"形沟谷两侧对填土的侧限作用相对较小，当填土厚度相同时，沉降量明显较大。

　　（2）T3、T4 模型表面沉降观测点之间的工后最大沉降差分别为 172mm 和518mm，变形倾度分别为 3.8‰和 4.3‰（测点水平距离分别为 44.8m 和 120m），表明"V"形沟谷填筑体顶面不均匀沉降更小。当对比模型中填土厚度同为 112.0m处工后沉降曲线的稳定趋势可以发现，T3、T4 模型的工后沉降量小于 0.04mm/d的时间分别为 1456d 和 1825d，表明"V"形沟谷中填筑体的沉降稳定时间更短。

　　（3）沟谷地形对沉降变形的影响还可以从沟谷地形对沉降变形约束作用的角度来分析。例如，当启动离心模型试验机对 T1 模型进行原场地土体固结时，得到 T1 模型原场地土体固结过程的沉降矢量图如图 4-3-14 所示。

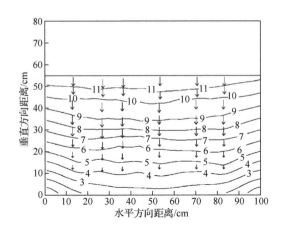

图 4-3-14　T1 模型原场地土体固结过程的沉降矢量图（未按相似率换算前，单位：mm）

由图 4-3-14 可知，填筑体内的沉降等值线由浅至深近似呈水平分布，不均匀沉降很小，因受模型箱体侧面向上的阻力影响，模型两侧沉降略小于中部沉降。此外，还可以进一步发现，两侧受模型边界影响的范围约为 15cm，即在距边界 15cm 范围以内的模型部分可忽略模型箱体边界效应影响。因此，当试验条件限制时，类似离心模型试验可参考边界效应影响范围，采取在模型箱中设置台阶式谷坡原场地或分隔板的方式，模拟大面积填方场地不同填土厚度时的沉降量。

上述试验结果表明，沟谷形状对填筑体沉降产生影响的主要原因在于，狭窄沟谷两侧坡体对填筑体具有更加明显的侧向变形约束作用，填筑体在自重和外荷作用下难以发生较大水平向变形以腾出部分体积进一步发生竖向沉降；此外，与 4.3.1 节中土压力分析结果相结合可知，沟谷内分层填筑的填筑体在荷载或自重的作用下发生沉降及不均匀沉降，致使土颗粒间产生互相"揳紧"的作用，在一定范围土层中产生"拱效应"，使一部分土压力由两侧沟谷承担，减小了土体的上覆荷重，从而减小了填筑体的沉降。

4.3.6　填土厚度对沉降影响分析

T2、T3 模型的工后沉降量随时间变化曲线如图 4-3-15 所示，填土厚度与沉降量关系曲线如图 4-3-16 所示。将 T2、T3 模型的工后沉降量 S 与填土厚度 H 之比定义为工后沉降比 S/H，绘制工后沉降比与填土厚度的关系曲线，如图 4-3-17 所示。

（1）由图 4-3-15 可知，填土厚度变化对沉降量影响最为明显，当不考虑原场地变形，即假定原场地为岩层，在填土自重荷载作用下，同一模型不同厚度填土的工后沉降量均随填土厚度的增加而显著增大，T2 模型（最大模拟填土厚度 60.0m）和 T3 模型（最大模拟填土厚度 112.0m）之间不同厚度填土也满足这一规律。T2

模型填土厚度 60.0m 处和 T3 模型 112.0m 处工后沉降速率达到 0.1mm/d，分别需 1.6a 和 2.0a，表明填土厚度越大工后沉降稳定时间越长。

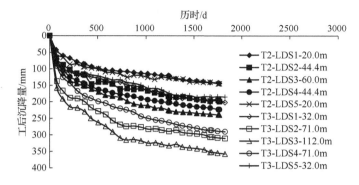

图 4-3-15　T2、T3 模型的工后沉降量随时间变化曲线

（2）图 4-3-16 中施工期沉降量及工后期沉降量随填土厚度增加，均近似呈现线性增大。上述试验结果表明，沉降变形随填土厚度的增加显著增大，填土厚度是影响高填方场地沉降量的关键因素。

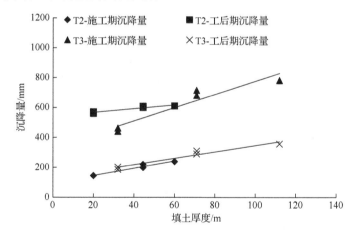

图 4-3-16　T2、T3 模型的填土厚度与沉降量关系

（3）由图 4-3-17 可知工后沉降量虽然随着填土厚度的增加而增大，但是工后沉降比随填土厚度的增加反而逐渐减小。

上述试验结果表明，填筑体的沉降量，尤其是工后沉降量与其填方高度密切相关，工后长期沉降量与其自身填土厚度呈线性关系。工后沉降的量值虽然随着填土厚度的增加而增大，但是工后沉降比却随之减小，体现出填土的非线弹性沉降特性。

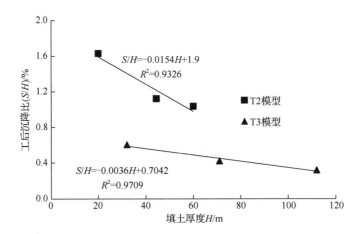

图 4-3-17　T2、T3 模型的工后沉降比与填土厚度关系

4.3.7　填土压实系数对沉降影响分析

　　T4、T5 模型填筑体的压实系数分别为 0.85、0.80；T6 模型填筑体的压实系数为 0.85；T7 模型填筑体的压实系数上高下低，其中上部 30cm（对应原型 30m）压实系数为 0.85，下部 30cm（对应原型 30m）的压实系数为 0.80。T4～T7 模型的工后沉降量随时间变化曲线如图 4-3-18 所示。

　　（1）图 4-3-18（a）中，当 T4、T5 模型填筑体厚度相同时，T4 模型的工后沉降量明显小于 T5 模型，即压实系数越大沉降量越小，这符合一般规律。由表 4-3-1 中数据可知，同一模型内，相同压实系数条件下，T4 模型 112.0m（LDS1 测点）、32.0m（LDS7 测点）处施工期沉降量占总沉降量的 77.1% 和 77.4%。T5 模型 112.0m（LDS1 测点）、32.0m（LDS7 测点）处施工期沉降量占总沉降量的 82.6% 和 76.0%。总体而言，在压实系数相同条件下，填土厚度越大，各阶段沉降量也越大，施工期沉降量占总沉降量的比例也越高。

　　（2）当压实系数从 0.80（T5 模型）增加到 0.85（T4 模型）时，在填筑体厚度为 112.0m 的沟谷中部测点 LDS1 和 LDS2 处，工后沉降量减小 28.5%～30.9%；在填土厚度为 32.0m 的坡肩测点 LDS6 处，工后沉降量减小 30.3%；填土厚度为 48.0～86.4m 的沟谷斜坡测点 LDS3、LDS4、LDS5 处，工后沉降量减小 7.3%～23.7%。

　　（3）图 4-3-18（b）中 T6、T7 模型在最大填方处（60.0m）的工后沉降量分别为 229mm 和 454mm，即厚度加权平均压实系数由 0.83（T7 模型的上半部压实系数 0.80 与下半部压实系数 0.85，按土层厚度加权求平均）增加到 0.85 时，工后沉降量减小约 50%，工后沉降减小量约占填土厚度的 0.2%，表明填筑体的工后沉降量随压实系数的增大而明显降低。T6、T7 模型表面沉降观测点 LDS1 与 LDS7 之间的工后最大沉降差分别为 33mm 和 420mm，变形倾度分别为 0.4‰ 和 4.9‰（测点水平距离均为 85m）。此外，试验结束时，模型顶部裂缝的宽度和深度，T7 模型均比 T6 模型大。

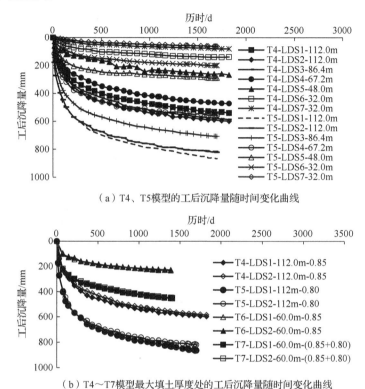

（a）T4、T5 模型的工后沉降量随时间变化曲线

（b）T4～T7 模型最大填土厚度处的工后沉降量随时间变化曲线

图 4-3-18　T4～T7 模型的工后沉降量随时间变化曲线

上述试验结果表明，上部压实系数高、下部压实系数低的填筑方式与上下压实系数均匀的填筑方式相比，会引起更大的差异沉降。因此，工程上在进行冲沟区土方填筑施工时，为了降低场地的工后差异沉降，不宜采取下部压实系数低、上部压实系数高的密实度控制方法。

4.3.8　填土增湿对沉降影响分析

实际黄土高填方工程的填筑体增湿过程与采取雾化降雨及注水浸泡的方式对模型填筑体进行增湿相比，主要存在以下差异。

（1）在实际工程中，工程建设期连续降雨最长时段（2013 年 7 月 8 日～7 月 18 日）的平均降雨强度为 29.4mm/d（连续 10d 降雨量的平均值）；而 T1、T5～T7 模型降雨强度为 48mm/d，连续降雨 48.6d，平均降雨强度和连续降雨时长均高于实际情况，因此模拟的是最不利工况。

（2）在实际工程中，场地内设置有排水设施，填筑体顶面有排水坡度，地面无长期积水；而模型无排水设施，填筑体顶面呈水平状，降雨短时间内无法全部渗入土中，会在模型表面形成积水层，会对填筑体产生附加荷载。

（3）在实际工程中，填筑体增湿是一个长期又可能发生突变的过程，短时期的降雨入渗或地下水上升均不能使填筑体整体增湿，往往是部分或局部增湿；而离心模型试验模拟的是填筑体整体增湿后的工后沉降变化，因此是最不利工况。

（4）在实际工程中，从施工期开始的任何时段均可能产生增湿沉降，此时荷载持续施加并维持不变；而离心模型试验采取的是先停机安装降雨设备或在 1g 条件下浸水，浸水完毕后再次启动离心机，存在先卸载、再加载引起的应力路径和应力历史与实际工程差别等问题。

鉴于模型与原型在上述方面存在差异，本次采用离心模型试验研究黄土高填方场地增湿后的工后沉降变形，主要是从定性角度讨论填土增湿对工后沉降的影响程度。离心模型试验中沟谷中部填土增湿后的物理指标测试结果如表4-3-4所示。

表 4-3-4　模型沟谷中部填土增湿后的物理指标测试结果

试验编号	增湿方式	试验参数	初值	模型不同深度处的增湿含水率/%							
				5 cm	10 cm	20 cm	30 cm	40 cm	50 cm	60 cm	70 cm
T1	雾化降雨	含水率/%	16.0	19.2	19.7	19.3	19.3	19.4	18.9	20.1	18.2
		干密度/(g/cm³)	1.63		1.65	1.65		1.67			1.67
		饱和度/%	64.7		82.2	80.5		83.4			78.3
T2	注水浸泡	含水率/%	16.0	19.7	21.1	20.9	20.3	20.1	20.1	20.0	
		干密度/(g/cm³)	1.63	1.63	1.65	1.65	1.65	1.67	1.67		
		饱和度/%	64.7	79.7	88.0	87.2	84.7	86.5	86.5		
T3	注水浸泡	含水率/%	12.0	19.5	22.5	21.1	21.6	21.3	21.5	20.6	
		干密度/(g/cm³)	1.56	1.65	1.67	1.67	1.69	1.69	1.69		
		饱和度/%	43.7	81.3	96.8	90.8	95.8	94.5	95.4		
T4	注水浸泡	含水率/%	12.0	22.4	21.7	21.2	20.9	21.4	21.0	20.0	
		干密度/(g/cm³)	1.57	1.65	1.67	1.67	1.67	1.69	1.69		
		饱和度/%	44.3	93.4	93.3	91.2	89.9	94.9	93.2		
T5	雾化降雨+注水浸泡	含水率/%	12.0	24.9	22.8	21.5	21.2	21.2	20.7	20.4	
		干密度/(g/cm³)	1.63	1.65	1.67	1.67	1.67	1.69	1.69		
		饱和度/%	48.5	100.0	98.1	92.5	91.2	94.0	91.8		
T6	雾化降雨+注水浸泡	含水率/%	12.0	24.2	21.9	20.4	20.0	19.8	19.8		
		干密度/(g/cm³)	1.63	1.65	1.67	1.67	1.67	1.69			
		饱和度/%	48.5	100.0	94.2	87.7	86.0	87.8			
T7	雾化降雨+注水浸泡	含水率/%	12.0	24.0	22.1	23.1	23.2	23.4	23.3		
		干密度/(g/cm³)	1.63	1.65	1.65	1.67	1.67	1.67			
		饱和度/%	48.5	100.0	92.2	99.4	99.8	100.0			

试验结果表明：

（1）由表 4-3-4 可知，T1、T2 模型的初始饱和度为 64.7%，T3、T4 模型的初始饱和度分别为 43.7%、44.3%，T5～T7 模型的初始饱和度为 48.5%，采用雾化降雨及注水浸泡增湿后，T1～T7 模型的平均饱和度分别为 81.1%、85.4%、92.4%、92.7%、94.6%、91.1%、98.3%。除 T1 模型及 T2～T7 模型个别浅部测点外，各测点的饱和度均大于 85%，表明试验结果反映的是饱和增湿条件下的湿陷变形。

（2）T1 模型的初始含水率为 16.0%；降雨入渗试验完成后，原场地与填筑体分界面处含水率为 20.1%，是含水率最大位置。T1 模型在工后沉降模拟试验完成后，在沟谷斜坡坡肩部位出现裂缝。该裂缝在后续降雨增湿过程，成为了雨水下渗的优势通道，这是导致原场地与填筑体分界面处含水率突然增大的重要原因。

（3）在 7 组模型中，除 T1 模型中 LDS3、T7 模型中 LDS3 因故障未测到增湿后的沉降外，其余模型各测点均全程观测到增湿沉降量。最终增湿后模型顶面的工后沉降结果如表 4-3-5 所示。T1～T7 模型通过雾化降雨及注水浸泡方式进行填土增湿，离心模型试验机运行至变形稳定时，换算成对应原型的最大增湿沉降量分别为 296.0mm、263.0mm、732.8mm、652.8mm、1353.6mm、641.0mm、953.0mm，增湿后新增工后沉降量与增湿前工后沉降量之比分别为 0.5、1.1、2.1、1.1、1.5、2.8、2.1，表明降雨或浸水作用均会导致黄土高填方场地产生明显的附加沉降。因此，实际工程中应控制和减少土中含水率的增加，采取"地表减源""地下排水"双管齐下的工程措施，如填筑体上部采用渗透性较小的粉质黏土填筑，以减少入渗量；沿沟底预埋盲沟等导排水结构，防止地下水位发生急剧变化。

表 4-3-5　增湿后模型顶面的工后沉降观测结果

试验编号	平均含水率增量/%	平均干密度增量/（g/cm³）	增湿沉降量/mm						
			LDS1	LDS2	LDS3	LDS4	LDS5	LDS6	LDS7
T1	3.3	0.02	205.0	296.0					
T2	4.3	0.02	124.0	195.0	263.0	196.0	123.0		
T3	9.2	0.10	475.2	640.0	732.8	628.8			
T4	9.2	0.09	652.8	616.0	592.0	470.4	443.2	425.6	236.8
T5	9.8	0.04	1353.6	1179.2	1028.8	969.6	899.2	568.0	
T6	9.0	0.03	641.0	612.0	598.0	555.0	489.0	364.0	334.0
T7	11.2	0.03	953.0	750.0		685.0	660.0	533.0	522.0

4.3.9　模型试验与原型观测结果的比较

本次借助离心模型试验对实际高填方工程原型剖面的工后沉降变形进行模拟分析。T4 模型对应于原型试验场地中 DM1 剖面，DM1 剖面中心处的最大土层厚度约为 112.0m（填筑体及原场地土层厚度之和，监测点 JCS3 处的填筑体厚度为 106.5m、原场地厚度为 5.1m），沟谷原场地西侧坡度约 33°、东侧坡度约 45°，谷底宽度约 88m，谷顶宽度约 366m。当土方填筑完成后，在 DM1 剖面监测点 JCS3 处，钻取原型土样测得干密度沿深度的变化情况如图 4-3-19 所示。

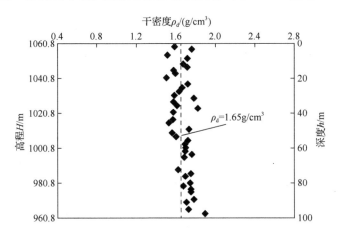

图 4-3-19　原型填土的干密度沿深度的变化散点图

图 4-3-19 中实测干密度最大值为 1.89g/cm³，最小值为 1.53g/cm³，按厚度加权后的平均值约 1.65g/cm³。考虑到原场地沟谷中心处上部土层厚度较薄，T4 模型将原场地上部土层简化为填筑体的一部分，模拟土层厚度为 112.0m（与原型的总土层厚度相对应），模拟坡度为 45°（与原型的东侧坡度相对应），模型填筑体的干密度为 ρ_d=1.65g/cm³（与原型填筑体按厚度加权的平均干密度值相对应），采用"刚性沟谷"模拟原场地下部基岩（与原型土层下部的岩层相对应）。在试验场地中 DM1 剖面监测点 JCS3 处，采用模型试验观测到的施工期总沉降为 2115.5mm（取 LDS1 及 LDS2 的平均值），原型监测到的施工期总沉降为 3833.4mm，后者约是前者的 1.8 倍。

相关研究[76]表明：黄土高填方场地内设置的盲沟通常是原场地和填筑体内气体排放的主要出口，距离盲沟越近，排气条件越好，早期沉降速率和沉降量越大。离心模型试验仅仅概化了实际工程的剖面形式，对高填方场地下部的排水盲沟未做对应模型，和现场排气条件存在差异。

模型与原型的工后沉降时程曲线如图 4-3-20 所示。由图可知，模型与原型的工后沉降变形观测值相近，原型监测点 JCS3 最新（观测 699d 时）的沉降观测值为 480.8mm，对应时间点的模型观测值（取 LDS1 及 LDS2 的平均值）为 464.4mm，后者是前者的 0.97 倍，表明在对比时段内，模型可较准确地反映原型沟谷中部的工后沉降变化规律和沉降量的大致范围，但离心模型试验采用地质概化模型，受边界条件、填料性质、加载路径和模型制备方法等影响，模型与原型观测结果会存在一定差距。

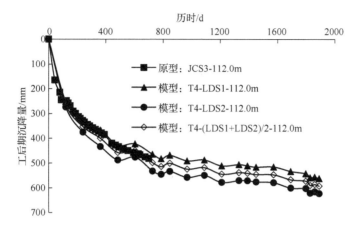

图 4-3-20　模型与原型的工后沉降时程曲线

4.4　离心模型试验成果与试验方法讨论

4.4.1　高填方场地地表沉降形态的讨论

由前文的离心模型试验结果可知，"V"形和"U"形沟谷中，地表沉降最大值均处于模型对称中心填土厚度最大处，且随着工后时间的持续，沉降速率趋于平缓。以 T5 模型为例，填筑体顶面的沉降分布曲线如图 4-4-1 所示。由图 4-4-1可知，填筑体顶面的沉降形态具有如下特征。

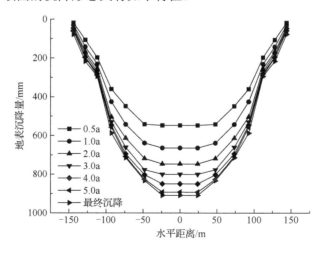

图 4-4-1　填筑体顶面沉降分布（T5 模型）

（1）工后 0.5a、3a、5a 分别可以完成工后沉降量的 60%、88%、97%，因此，工后半年处于快速沉降阶段，可完成长期工后沉降量的一半。

（2）填土顶面沉降曲线形态与沉降矢量图呈现的结果一致，地表沉降呈"弯沉盆"形态分布。"弯沉盆"与测点位置对应的厚度相关，厚度越大，沉降量越大，基本顺应原始沟谷走势发展。"弯沉盆"的曲线形式基本呈正态分布，满足高斯函数表达式。沉降量 S 的拟合函数可表示为

$$S = A \cdot e^{-\frac{(x-B)^2}{2C^2}} \qquad (4\text{-}4\text{-}1)$$

式中：x 为填筑体顶面计算点与对称中心轴的水平距离（m）；A、B、C 均为由试验结果所得的拟合参数。

以 T5 模型的试验结果为例，沉降量拟合参数如表 4-4-1 所示。函数的拟合效果较好，决定系数 R^2 均达到 0.99。三个参数随着工后时间的增加均在逐渐收敛，并且同一模型试验中参数 B、C 值相对较为稳定，变化幅度不大。

表 4-4-1　沉降曲线拟合参数

时间 t/a	A	B	C	R^2
0.5	571	41	48	0.99
1	681	40	50	0.99
3	825	41	50	0.99
5	896	37	51	0.99
∞	907	36	53	0.99

根据填筑体的约束条件，可分为有侧限填方与无侧限填方两种情况。本书试验的模型均属于有侧限填方，沟谷中的填筑体（尤其是沟谷中心位置）主要发生竖向压缩变形；而高填方机场跑道、高速公路路堤等线状梯形填土则属于无侧限填方，填方土体主要发生剪切滑移变形。相关研究表明[77-78]，对于"梯形"填土，随着填筑体高宽比的减小，沉降最大点将会从中心逐渐向两侧移动，填筑体顶部变形将从下凹"弯沉盆"逐步演化成马鞍形分布。这是因为窄梯形填筑体在自重作用下的剪切变形影响整个填土区域，而超宽梯形填筑体中部变形以一维竖向沉降为主，仅有两侧变形需要叠加剪切位移。由此可见，填筑体顶面的沉降形态与填筑形态、周边约束条件有很大关系，合理选择沉降计算点位是高填方场地变形计算、地基处理和现场监测方案设计的关键因素之一。

4.4.2　试验成果在高填方工程初步设计中的作用

离心模型试验结果表明，随着工后时间的延长，填筑体在长期自重作用下密实度将进一步提高，而且初始密实度越低工后沉降量越大，密实度提高幅度也越显著，而施工阶段的密实度控制和工程造价息息相关，既要保证工程质量与安全，

又要节省工程投资，两者之间存在合理的平衡点。如果填方工程的工后沉降预留时间允许，可考虑以"时间换成本"。假设沟谷内填筑体的质量 m 在工后不发生损失，根据土力学基本原理，可得到下列关系式：

$$\Delta S = \Delta \varepsilon \cdot S = \frac{\Delta e}{1+e_1} S = \frac{e_1 - e_2}{1+e_1} S = \frac{\dfrac{m}{\rho_1} - \dfrac{m}{\rho_2}}{\dfrac{m}{\rho_1}} S = \left(1 - \frac{\rho_1}{\rho_2}\right) \cdot S = \left(1 - \frac{\lambda_1}{\lambda_2}\right) \cdot S$$

$$(4\text{-}4\text{-}2)$$

$$\Delta V = \Delta \varepsilon \cdot V = \frac{\Delta e}{1+e_1} V = \frac{\dfrac{m}{\rho_1} - \dfrac{m}{\rho_2}}{\dfrac{m}{\rho_1}} V = \left(1 - \frac{\rho_1}{\rho_2}\right) \cdot V = \left(1 - \frac{\lambda_1}{\lambda_2}\right) \cdot V \quad (4\text{-}4\text{-}3)$$

式中：λ_1 和 λ_2 分别为填方工程竣工时和工后某时间点填筑体的压实系数；ρ_1 和 ρ_2 分别为填方工程竣工时和工后某时间点填筑体的干密度（g/cm³）；e_1 和 e_2 分别为填方工程竣工时和工后某时间点填筑体的孔隙比；Δe 为填方工程竣工时和工后某时间点填筑体的孔隙比之差；$\Delta \varepsilon$ 为填方工程竣工时和工后某时间点填筑体的竖向应变变化量；S 和 V 分别为竣工时沟谷中填筑体的厚度（m）和体积（m³）；ΔS 和 ΔV 分别为工后某时间点填筑体顶面的下沉量（m）和体积损失量（m³）。

对于已经完工的实体工程，竣工时的压实系数 λ_1、填筑体厚度 S 和体积 V 均已知，而工后填筑体顶面的下沉量 ΔS 和体积损失量 ΔV 可通过工程测绘获得，由此可以粗略评估工后特定时间点的压实系数 λ_2 是否达到了设计要求，以便安排后续工程建设；反之，如果可以获得全场平均压实系数 λ_2，则可以复核竣工时压实系数 λ_1，评价竣工时的工程质量。对于尚处于初步设计阶段的填方工程，可设定多种压实系数控制方案，通过离心模型试验模拟高填方场地变形，并通过上述原理或在模型箱内直接取样实测压实系数，预估工后特定时间点的压实系数 λ_2 是否能达到设计要求，实现设计方案的比选和优化，同时可通过试验模拟，预估工程后期土方补偿设计所需新增的填料体积。

4.4.3　高填方工程离心模型试验方法的讨论

1. 土方填筑施工过程的模拟

在离心模型试验中，填方工程的填筑施工模拟问题迄今仍未得到合理解决。目前，常用的施工过程模拟方法是在静力场中一次性将模型做好或采取中途停机分层填筑模型，通过离心机分级加速并控制每级的运行时间来模拟填筑体的分层施工。这样的模拟方法与实际工程的应力路径和应力历史并不完全相同，仅可视为填筑施工的近似模拟，施工中间过程的变形沉降特性并不明确，只能了解填筑体竣工时刻的情况。此外，在施工工法、控制标准、地质地形、气候条件等基本相同的前提下，施工时长主要取决于填方高度，且同一填方工程内，不同标段间的施工进度不尽完全相同。采用上述近似模拟方法意味着整个填方工程同时开工和竣工，这与实际工程往往存在差异。真正的施工过程模拟需要在恒定加速度条件下，使用特制的填料装置或者机械手，既要达到模型几何形状的相似，又要控制填料所需的密实度，而这需要在技术上进一步突破和尝试。本章试验关注重点是黄土高填方场地的工后长期沉降，并非施工过程的全真模拟，因此，对施工期数据分析时采用了平均填筑速率的概念以体现整体的施工进度，并未关注具体的施工细节模拟。

2. 试验流程与方法总结

本节将结合上述 7 组离心模型试验以及对应的实际工程情况，对黄土高填方工程离心模型试验方法进行总结，以期为该领域今后试验方案的优化设计提供参考。黄土高填方工程离心模型试验的方法步骤如图 4-4-2 所示。

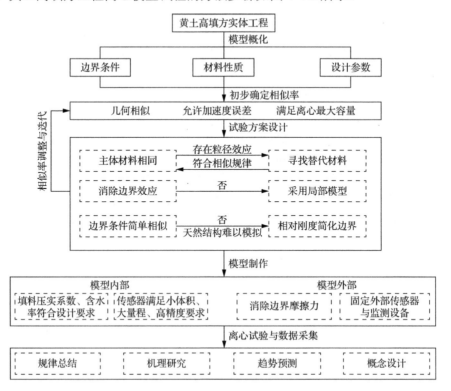

图 4-4-2　黄土高填方工程离心模型试验的方法步骤

在试验过程中，我们对此类试验获得以下认识：

1）相似率的选择

（1）相似率的选择最直接方法便是原型几何尺寸与模型几何尺寸的对比，并根据模型箱的大小进行调整。

（2）相似率的选择还应该考虑离心机的最大负荷或者说最大容量，模型的尺寸不是越大越好：首先，大比尺的模型必然会带来模型箱内整体重力的增加，配重随之增加，如果后续试验再要考虑增湿或者建筑荷载条件下黄土高填方场地的沉降问题，则会超出离心机的最大负荷；其次，大比尺意味着大的离心加速度，此类情况往往会接近离心机的共振加速度值，模型箱连带监测设备会产生振荡，表现在监测数据上就是大幅度的数据波动，此时细小的误差都会被放大并隐含在所测数据中，带来不理想的试验结果。

（3）相似率的选择还应该考虑离心机允许误差的影响，简单地说就是加速度沿径向是发生变化的，同一个模型箱内顶面和底面的加速度不相等，不同位置的模拟重力场不一致。研究表明，以模型 $2H/3$（H 为模型高度）处应力一致时误差最小（5%以内），此时模型顶面至 $2H/3$ 处应力接近真实重力。

综上所述，直接采用几何相似所得相似率进行试验固然可以，但是为了得到更加合理、可靠的试验数据，还应该遵守离心模型试验客观存在的负荷和误差问题，对相似率进行优化，从而对模型的几何尺寸做出最合理的判定。

2）试验材料的选择与制样

（1）填筑体模型制作过程中的分层击实与压实系数控制，直接影响到试验成果的可靠性，因此模型制作过程中黄土填料的分层填筑控制以及试验前后模型箱的称重、拆样时含水率与压实系数的检测、模型表层细微裂缝及玻璃挡板细微下沉量的影像资料记录均极为重要。

（2）原场地地层可概化为黄土地层和岩石地层两类。黄土地层力学参数的离散性、天然结构性在模型箱内难以实现，而岩石地层的天然裂隙与成层性也难以模拟。在黄土高填方场地的离心模型试验中，如果考虑按照相似率来寻找不同弹性模量的材料（如石膏、橡胶、有机玻璃等），将增加试验难度。试验既应考虑边界约束对变形的影响，又应突出填筑体这一主要研究对象。本次原场地采用刚性和柔性材料模拟，类似于一种上、下限条件下的沉降模拟，使边界条件更为清晰，有利于分析主要问题。

3）传感器的选择

（1）本次试验之初在填筑体内埋设了部分微型孔隙水压力计，希望通过不同深度处孔隙水压力的变化反映增湿条件下非饱和黄土在水浸入过程的渗透压力，但是试验效果不理想，表明常规微型孔隙水压力计可能在非饱和黄土的增湿变形模拟中并不适用。

（2）填土内的传感器数量应该"少而精"，否则易使填筑体的均匀性失真，更重要的是，连接数据线变相起到了加筋材料和排水通道的双重作用。例如，在研究非饱和压实黄土工后阶段沉降阻碍了周边填土的竖向沉降与水平位移，在研究增湿变形时又成为人为的入渗通道。传感器应具有超高灵敏度，以达到超高加速运转条件下的信号抗干扰能力，提高信号传输的信噪比。此外，考虑到后期进一步开展的高填方沉降模拟可能会深入了解增湿或干湿循环作用下填筑体的变形特性，传感器还应具有抵抗高压渗水的能力，以保证数据的正常采集。总体来说，对于模型内传感器的选择，应以"体积小、精度高、量程大"为标准。

（3）本次试验模型箱顶面的沉降测量采用了激光位移传感，在正常状态下数据采集结果较为理想；但是在增湿试验过程，由于地表水无法及时入渗，产生了光的反射与折射，使部分试验数据失真。此类情况下可考虑采用传统的差动式位移传感器予以代替，直接接触模型顶面进行数据采集。

4.5　小　　结

本章采用 7 组离心模型试验模拟分析了时间、填筑速率、沟谷刚度、沟谷形状、填土厚度、压实系数及填土增湿等因素对黄土高填方场地变形的影响规律，得到以下主要结论。

（1）离心模型试验通过概化地质模型，简化地质边界条件，可用于模拟沟谷地形中侧限条件下填筑体的沉降变形，能直观反映原场地特征、填筑体性质和边界条件变化引起的沉降变形基本规律。

（2）黄土高填方场地的沉降变形具有"沉降总量大、稳定时间长"的特点。试验结束时，施工期沉降量最大的 T5 模型（112.0m 厚度处）达 4105mm，占总沉降的比例达 82.6%，各模型填土最厚位置施工期沉降占总沉降的比例平均值为74.1%，最大值为84.5%，表明填筑体的沉降变形主要发生在施工期。

（3）"刚性沟谷"模型的沉降量小于"柔性沟谷"模型，但"刚性沟谷"模型的差异沉降、变形倾度均大于"柔性沟谷"模型，其主要原因是"柔性沟谷"模型相比"刚性沟谷"模型，沉降变形中多出了"柔性沟谷"原场地的沉降量，并且"刚性沟谷"模型对内部填筑体的约束能力高于"柔性沟谷"模型。

（4）"V"形沟谷中填筑体的工后沉降量、差异沉降量与"U"形沟谷相比均较小，工后沉降稳定时间更短，"V"形沟谷易产生"土拱效应"，当沟谷坡度变为直立状态时，沉降等值线近似水平分布，这时差异沉降量会更小。

（5）填筑体的施工期及工后期沉降均随着填土厚度增加近似呈线性增大，但不同模型的工后沉降量与填土厚度之比随着填土厚度增大而减小，且填筑体的厚度越大，工后稳定所需时间就越长。

（6）压实系数从 0.80（T5 模型）增加到 0.85（T4 模型）时，在填土厚度为 112.0m 的沟谷中部，工后沉降减小 28.5%～30.9%；填土厚度 48.0～86.4m 的沟谷斜坡处，工后沉降减小 7.3%～23.7%。若填筑体上部压实系数高、下部压实系数低，将导致差异沉降更显著，因此为了减小工后沉降和差异沉降不宜采取上部压实系数高、下部压实系数低的填筑方式。

（7）7 组模型增湿后，填筑体内含水率增大范围为 3.3%～11.2%，处于饱和及接近饱和状态，增湿后新增沉降量与增湿前沉降量之比的范围为 0.5～2.8，表明降雨或浸水作用均会导致黄土高填方场地产生明显的附加沉降，因此实际工程中应做好表面防渗处理及沟谷地下水的疏排。

（8）模型试验与原型的对比结果表明，当原场地上部土层较薄、下部为坚硬基岩时，将原场地上部土层作为填筑体的一部分考虑，下部坚硬基岩原场地采用大刚度材料模拟，并使模型中填筑体的性质与原型接近，则模型与原型在沟中心处的工后沉降曲线和沉降量值均较接近。

（9）基于相似性原理，离心模型试验在模拟黄土高填方场地施工及工后沉降规律上有较好的适用性，能够表现黄土高填方场地工后沉降发展规律，在探索高填方场地沉降规律、预测施工期沉降量和工后长期沉降量方面，离心模型试验具有较大的参考价值。

综上所述，离心模型试验是一种边界条件清晰、模型高度概化的试验方法，而实际高填方工程的地质条件和影响因素复杂，试验过程中的加载路径、制样方法、运行程序对试验结果均有影响，细小的误差都会按照相似率被放大。因此，离心模型试验用于高填方工程的概念设计、规律分析和趋势预测具有重要的参考价值，但不宜过于强调具体量值上的精确性。

第 5 章　高填方场地变形的反演分析法研究

在黄土高填方工程的建设过程中，当土方填筑施工临近尾声之时，为了达到填方场地地势高程设计要求，需要对填方场地预先超填一定高度黄土，作为预留工后沉降变形量，但此时因无工后沉降数据，无法采用传统方法建模预测。考虑到填方工程的沉降变形是荷载与时间函数，工后长期变形的时程曲线与蠕变曲线的特征相似，为此一些学者尝试按照蠕变的思路，根据沉降与荷载、时间之间的相关关系，建立经验蠕变模型，用于预测建筑地基、路基和排土场的沉降[44, 79-80]。本章对压实黄土进行一维高压固结蠕变试验，分析压实系数、含水率及固结应力对黄土次固结特性的影响，最后建立一种考虑黄土时效变形特性的沉降预测模型。利用试验场地施工期的分层沉降资料，引入固结蠕变模型，采用有限元分析软件 PLAXIS 2D，运用分层迭代反演分析方法，对填筑体和原场地的模型参数进行数值反演计算，采用最终反演参数进行工后沉降预测。

5.1　压实黄土的固结蠕变特性

5.1.1　试验方案与方法

试验土料取自依托工程场地，试验土料为离石黄土，颗粒组成以粉土为主，含少量粉质黏土。试验土料的基本物理性质指标如表 5-1-1 所示。参考《土工试验方法标准》（GB/T 50123—2019），采用轻型击实试验测得试验土料的最优含水率为 15.5%，最大干密度为 1.77g/cm³；重型击实试验测得试验土料的最优含水率为 12.1%，最大干密度为 1.94g/cm³。

表 5-1-1　试验土料的基本物理性质指标

天然含水率 w_0 /%	液限 w_L /%	塑限 w_P /%	塑性指数 I_p	颗粒相对密度 G_s
12.3	28	20.4	7.6	2.70

本次室内试验采用重型击实试验控制，对压实系数 k=0.82 时 5 种不同含水率（w 为 8%、12%、18%、22%、饱和）以及含水率 w 为 16.0%时 5 种不同压实系数（k 为 0.80、0.82、0.85、0.87、0.89）的试样进行一维高压固结蠕变试验。试验仪器采用南京土壤仪器厂有限公司生产的 WG 型单杠杆固结仪，试样面积为 50cm²、

高为 2cm。试验前，配制符合设计含水率的土料，采用制样器制备重塑黄土试样。试验时，首先对试样施加 25kPa 的预压荷载，待试样沉降变形稳定后，按照 100kPa、200kPa、400kPa、800kPa、1200kPa、1600kPa、2000kPa 逐级加载。当 24h 的累计变形小于 0.002mm 时，施加下一级荷载。

5.1.2　试验结果与分析

1. 压实黄土的高压固结变形特性

对不同含水率及不同压实系数的试验数据按照玻耳兹曼（Boltzmann）线性叠加原理进行处理，试验曲线如图 5-1-1、图 5-1-2 所示。

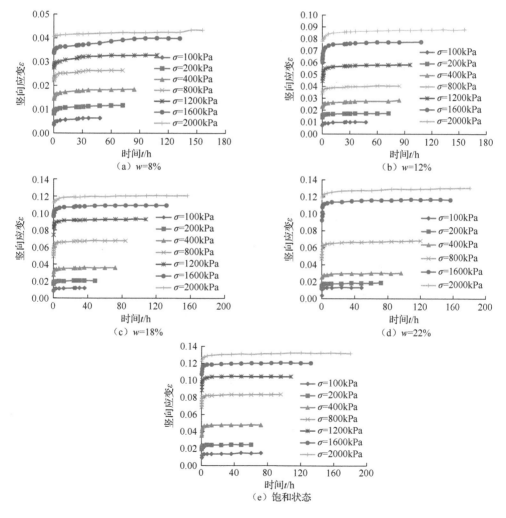

图 5-1-1　不同含水率下压实黄土的高压固结试验曲线

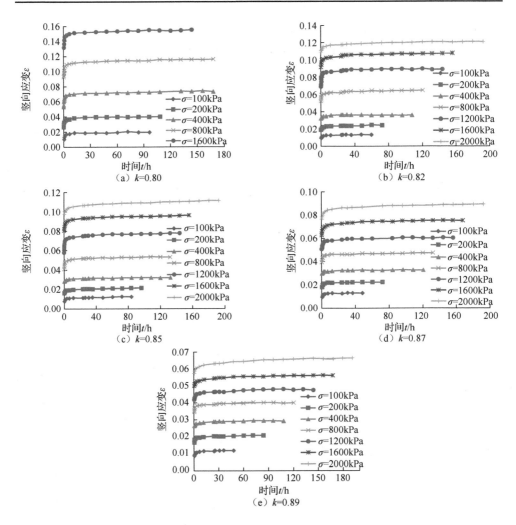

图 5-1-2 不同压实系数下压实黄土的高压固结试验曲线

由图 5-1-1、图 5-1-2 可知，每级荷载加载瞬时，变形速率较大，随时间增加，变形速率逐渐减小，并渐渐趋于稳定。压实黄土的变形量随含水率的增加而增大，但随着压实系数的增大而减小。这是因为土中含水率越高，自由水含量就越高，其扩散膜的厚度就越厚，土颗粒间的静电吸力就越小，土颗粒间的相互作用就较弱，则越容易发生滑移和蠕动，此时变形量就越大。土的压实系数越高，土颗粒间的孔隙就越小，自由水相应较少，扩散膜厚度就越薄，土颗粒间的静电吸力就越大，在外荷载作用下，土颗粒间的相互作用很难被破坏，此时变形量就越小。

2. 压实黄土的次固结变形特性

压实黄土的沉降量与沉降速率关系曲线如图 5-1-3 所示。由图 5-1-3 可知，按照压实黄土的沉降可分为瞬时沉降、主固结沉降和次固结沉降三部分。瞬时沉降在加载瞬间就完成；主固结沉降需要几小时甚至几天时间才能完成；而次固结沉降则发展缓慢，在上覆荷载作用下，可能在几年甚至几十年内持续发生，但该沉降量占总沉降量的比例较小。沉降初期曲线很陡，可以认为是瞬时沉降，接着曲线突然变缓，可认为主固结阶段，曲线继续延长，在主固结阶段后，曲线又变缓，此阶段可以认为是次固结阶段，次固结阶段持续时间很长，在主、次固结之间还有很短的主、次固结重合段，可采用直线关系拟合沉降量与沉降速率关系曲线，用以分离主、次固结并确定次固结系数。具体方法如下：首先根据沉降量 S_t 与时间 t 关系，计算得到的沉降速率 S_t'，建立 S_t'-S_t 关系曲线；接着从 S_t'-S_t 关系曲线中主固结直线段与次固结直线段交叉点找到主、次固结分界点；然后将分界点以后的 S_t-t 关系曲线作为次固结曲线，以此分界点为初始时间，得到孔隙比 e-$\lg t$ 关系曲线，该曲线的斜率即为次固结系数 C_a，计算公式为

$$C_a = \frac{\Delta e}{\Delta \lg t} = \frac{e_1 - e_2}{\lg(t_1) - \lg(t_2)} \tag{5-1-1}$$

式中：t 为时间；e 为孔隙比；t_1 为主固结完成时间；t_2 为选取的次固结计算时刻；e_1、e_2 分别为对应于 t_1、t_2 时土体的孔隙比；Δe 为次固结发生时的孔隙比差值。

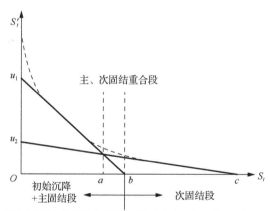

a 为 S_t'-S_t 关系曲线中主固结直线段与次固结直线段外延线交点对应的 S_t 值；b 为 S_t'-S_t 关系曲线中主固结直线段外延线与横坐标轴交点对应的 S_t 值；c 为 S_t'-S_t 关系曲线中次固结直线段外延线与横坐标轴交点对应的 S_t 值；u_1 为 S_t'-S_t 关系曲线中主固结直线段外延线与纵坐标轴交点对应的 S_t' 值；u_2 为 S_t'-S_t 关系曲线中次固结直线段外延线与纵坐标轴交点对应的 S_t' 值。

图 5-1-3　沉降量与沉降速率关系曲线

由上述方法确定主、次固结的分界点后，对本次试验中压实黄土试样沉降变形的统计结果显示，蠕变变形占到总变形的 6%～23%，压实黄土的蠕变变形随含水率的增大而增大，随压实系数的提高而减小，随应力水平的提高而减小。

1）不同固结应力下压实黄土一维次固结特性

根据前述次固结系数确定方法，得到不同固结应力 σ 和压实系数 k 下次固结

系数的变化规律，如图 5-1-4 所示。由图可知，在相同压实系数下，次固结系数 C_a 随着固结应力 σ 的增大而呈现增大趋势。说明不同压实系数下压实黄土的次固结系数具有随荷载增大而增大的特性，这主要是因为外荷载的增大加剧了土颗粒之间的摩擦、蠕动或破坏，表现为次固结特性的增强。当固结应力不变时，次固结系数 C_a 随着压实系数的增大呈现减小趋势，在较小的固结应力 σ 下，次固结系数 C_a 随着压实系数的增大而减小的幅度很小，随着固结应力增大，次固结系数 C_a 减小的幅度逐渐增大。填土的压实系数越高，其土颗粒间的孔隙越小，自由水的含量也就越小，扩散膜厚度就越薄，土颗粒间的静电吸力相对就越大，在外荷载作用下就很难破坏或改变土颗粒间的相互作用力，土颗粒间的摩擦和相对滑移受到限制就越大，黏滞性越强流动性就越差，产生次固结的能力就越弱，表现为次固结系数就越小。

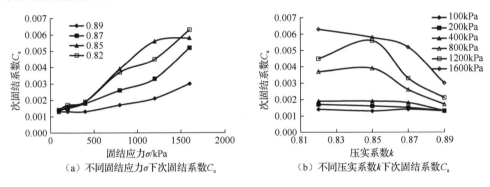

（a）不同固结应力σ下次固结系数C_a　　　　（b）不同压实系数k下次固结系数C_a

图 5-1-4　不同固结应力和压实系数下的次固结系数

2）不同含水率下压实黄土一维次固结特性

不同固结应力和含水率下压实黄土的次固结系数曲线如图 5-1-5 所示。

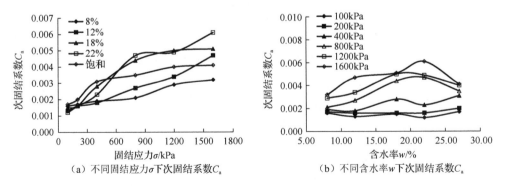

（a）不同固结应力σ下次固结系数C_a　　　　（b）不同含水率w下次固结系数C_a

图 5-1-5　不同固结应力和含水率下次固结系数曲线

由图 5-1-5 可知，在相同含水率 w 下，次固结系数 C_a 随着固结应力 σ 的增大而呈现增大趋势。这一规律与不同压实系数下次固结系数 C_a 随着固结应力增大而增强的规律基本相同。当固结应力 σ 不变时，在较小的固结应力 σ 下，次固结系数 C_a 随着含水率增大的趋势很小，随着固结应力增大，次固结系数 C_a 随着含水率的增大有一定的波动。从双电层理论的扩散膜角度变化和结合水与自由水组成的角度分析表明，含水率越高，则自由水越多，扩散膜厚度越厚，土颗粒之间的静电吸力相对越小，则在外界恒载作用下，土颗粒间的作用力容易被破坏而产生滑移或错动现象，土体的次固结效应就越明显。固结应力越大，作用在土颗粒之间的作用力越大，土颗粒之间的流动性越强，则压实黄土的次固结特性就越强。

5.2　压实黄土的时效变形模型

5.2.1　模型的建立

对不同含水率 w 和不同压实系数 k 的压实黄土试验数据进行处理后，得到不同固结应力 σ 时的 $\ln(\varepsilon/t)$-$\ln t$ 曲线，如图 5-2-1 和图 5-2-2 所示。由图可知，从 $\ln(\varepsilon/t)$ 与 $\ln t$ 之间的线性拟合精度较高，可用下式表示：

$$\ln(\varepsilon/t) = b + a \ln t \tag{5-2-1}$$

式中：ε 为竖向应变；t 为固结时间（h）；a 为 $\ln(\varepsilon/t)$-$\ln t$ 曲线的斜率；b 为 $\ln(\varepsilon/t)$-$\ln t$ 曲线的截距。典型拟合参数 a、b 值如表 5-2-1 和表 5-2-2 所示。

在相同含水率或压实系数下，斜率 a 的变化范围很小，基本为 $-1.2869 \sim -0.8261$，取中值 -0.9873；截距 b 随固结应力 σ 的变化符合对数函数关系式：

$$b = C \ln(\sigma) + d \tag{5-2-2}$$

式中：σ 为固结应力（kPa）；d 为 b-$\ln(\sigma)$ 曲线的截距。

将式（5-2-2）代入式（5-2-1），则可以得到压实黄土的时效变形模型，即

$$\varepsilon(t) = \sigma^C \exp(d) t^{a+1} \tag{5-2-3}$$

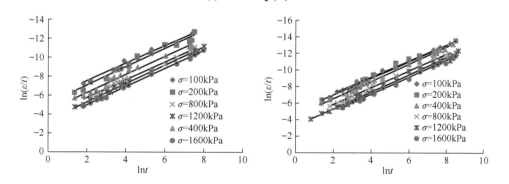

图 5-2-1　w=18%、k=0.82 的 $\ln(\varepsilon/t)$-$\ln t$ 曲线　　图 5-2-2　w=16.0%、k=0.85 的 $\ln(\varepsilon/t)$-$\ln t$ 曲线

表 5-2-1　不同含水率和固结应力下拟合参数 a、b 值

固结应力 σ /kPa	拟合参数值							
	含水率 8%		含水率 12%		含水率 18%		含水率 22%	
	斜率 a	截距 b	斜率 a	截距 b	斜率 a	截距 b	斜率 a	截距 b
100	−0.9361	−5.948	−0.9996	−5.6562	−0.9725	−5.393	−0.928	−5.1941
200	−0.9628	−5.7722	−0.9844	−5.0769	−0.9638	−5.1475	−1.0385	−4.7408
400	−0.9618	−5.6002	−0.9673	−4.6517	−0.9507	−4.4184	−1.0073	−3.7054
800	−1.0358	−5.093	−0.9827	−4.2435	−0.9363	−3.9008	−0.9802	−3.1037
1200	−0.9631	−4.9514	−1.0134	−3.6289	−0.9737	−3.3552	−0.9226	−2.7047
1600	−0.9897	−4.7978	−0.9767	−3.2899	−0.9576	−3.0906	—	—

表 5-2-2　在不同压实系数和固结应力下拟合参数 a、b 值

固结应力 σ /kPa	拟合参数值							
	压实系数 0.82		压实系数 0.85		压实系数 0.87		压实系数 0.89	
	斜率 a	截距 b	斜率 a	截距 b	斜率 a	截距 b	斜率 a	截距 b
100	−0.9586	−5.3018	−0.9628	−5.1754	−1.0278	−5.1755	−0.954	−5.3225
200	−0.9781	−4.7361	−1.0012	−4.9191	−1.0167	−4.7942	−0.9845	−5.0999
400	−0.9822	−4.3562	−1.0369	−4.5267	−1.0328	−4.4523	−1.0281	−4.9961
800	−1.0026	−3.3655	−1.0086	−3.8294	−0.9856	−4.0105	−0.9797	−4.766
1200	−0.9966	−2.9589	−1.0348	−3.1986	−0.9777	−3.7008	−0.9807	−4.6738
1600	−0.9769	−2.6084	−1.0348	−2.9465	−0.9884	−3.3894	−0.9402	−4.5266

　　式（5-2-3）中，相关参数 C、d 均与压实系数具有较好的线性关系（图 5-2-3）。在考虑压实系数 k 的情况下，参数 C、d 可用式（5-2-4）、式（5-2-5）表示。

$$C = -9.0247k + 9.1594 \tag{5-2-4}$$

$$d = 43.39k - 49.228 \tag{5-2-5}$$

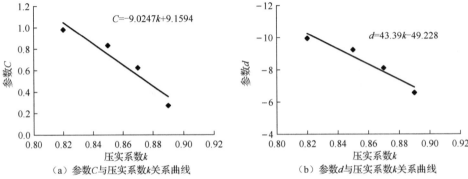

（a）参数 C 与压实系数 k 关系曲线　　　　（b）参数 d 与压实系数 k 关系曲线

图 5-2-3　相关参数与压实系数的关系

将式（5-2-4）、式（5-2-5）代入式（5-2-3），得到压实黄土的时效变形模型，即

$$\varepsilon(t) = \sigma^C \exp(d)^{1+a} = \sigma^{-9.0247k+9.1594} \exp(43.39k - 49.228)t^{0.0127} \quad （5-2-6）$$

式中：$\varepsilon(t)$ 为 t 时刻的应变值；σ 为固结应力（kPa）；k 为压实系数；t 为固结时间（h）。

5.2.2　模型验证及应用

采用式（5-2-6）对其各级固结应力 σ 下的竖向应变 ε 进行计算，得到模型计算值与试验值的对比曲线，如图 5-2-4 所示。由图可知，模型计算值与试验值能较好地吻合。

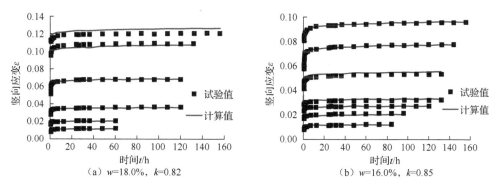

（a）$w=18.0\%$，$k=0.82$　　　　　　（b）$w=16.0\%$，$k=0.85$

图 5-2-4　模型计算值与试验值对比曲线

黄土高填方工程的土方填筑过程为分层压（夯）实施工，若将整个填筑体当成单一土层，将会降低模型预测精度。为此，将该模型与分层总和法相结合，计算公式为

$$S = \sum_{i=1}^{n} \Delta S_i = \sum_{i=1}^{n} \varepsilon(t)H_i \quad （5-2-7）$$

式中：S 为填筑体总沉降量（mm）；ΔS_i 为每层填土对应的沉降量（mm）；H_i 为每层填土的计算厚度（mm）。

若假定当 $t=1d$ 的沉降为填筑体加载的瞬时沉降，之后发生的为工后沉降。填土压实系数取 $k=0.93$、含水率取 $w=12.0\%$，根据填土重度及填土厚度计算每层填土对应的上覆压应力。监测点 JCS5 的预测值和实测值的对比结果如图 5-2-5 所示。由图可知，在观测时段内，工后沉降预测值明显高于实测值。本书基于室内一维固结蠕变试验结果提出的压实黄土时效变形模型，能够考虑施工过程的填土压实系数变化和填土厚度变化对工后沉降的影响规律，表现出在工后沉降初期，沉降速率较大，随着时间的推移，沉降速率逐渐降低，最后逐渐趋于稳定。

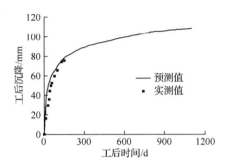

图 5-2-5　监测点 JCS5 的工后沉降实测值与预测值对比结果

5.3　工后沉降数值反演预测

5.3.1　数值反演预测思路

　　本次在进行数值模拟反演分析时，不考虑温度场、降水等环境因素变化对填土沉降变形的影响，采用"分层迭代反演法"进行参数反演分析，模型参数反演流程如图 5-3-1 所示。

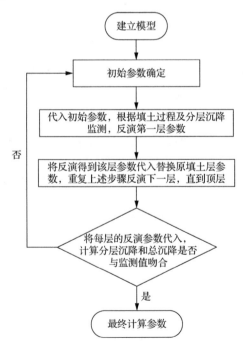

图 5-3-1　模型参数反演流程

首先利用多层土中最底层土层各沉降监测点的观测信息反演确定该土层的计算参数；然后用反演所得参数替代初始参数；接着利用第二层土层各沉降监测点的观测信息反演确定第二层土层的计算参数；再用反演所得参数替代初始参数，重复以上过程，直到填筑体最顶层土层，再从最底层土层开始，重复以上整个过程（即迭代），从而使反演参数进一步得到优化，具体反演分析过程如下。

（1）根据模拟对象的地质、地形条件建立二维有限元模型。

（2）基于模拟对象施工期全过程分层沉降监测数据，根据不同时段内的填土厚度来模拟填土施工速率。

（3）利用分层迭代反演分析方法，进行各土层物理力学参数（弹性模量、泊松比、黏聚力、内摩擦角、渗透系数和重度）的反演分析。

（4）将最终反演参数代入模型进行工后沉降预测分析。

5.3.2　模型建立及参数反演

1. 数值反演计算模型

延安新区黄土高填方工程试验场地I中 DM1 剖面的勘察、测绘、设计和施工资料，采用有限元软件 PLAXIS 2D 建立的二维反演计算模型如图 5-3-2 所示。根据地质结构和岩土体物理力学特性，将原场地概化为 5 部分（原场地处理层，砂、泥岩层，红黏土层，马兰黄土层，离石黄土层）。根据填筑体内分层沉降监测点高程，概化为共 10 层，从下至上分别采用 F1～F10 表示，采取自下而上顺次增加填土层来模拟施工。模型四周为法向约束，底部为固定约束。填筑体及原场地处理层采用固结蠕变模型，谷坡原场地模拟采用 M-C 模型。

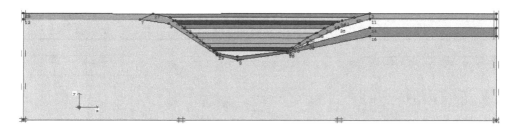

图 5-3-2　反演计算模型

模型中用于参数反演的监测点位置如图 5-3-2 所示。为了便于将反演数据和监测数据进行对比，填筑体分层位置根据监测点 JCS4 的测点位置高程确定，原场地地层分布根据勘察资料确定，计算模型网格如图 5-3-3 所示。

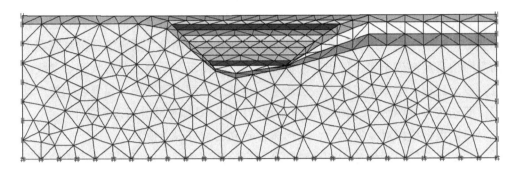

图 5-3-3　计算模型网格

　　采用分层填筑和分步激活的方法对土方填筑施工过程进行数值模拟。表 5-3-1 给出了土方填筑过程模拟的相关计算参数设置，土方填筑时间为 444d，由于施工过程中冬歇期的存在，计算荷载分 11 级施加，模拟断面的初始应力场如图 5-3-4 所示。

表 5-3-1　土方填筑施工过程模拟的相关计算参数设置

序号	分层	高程/m	厚度/m	填筑日期	历时/d	分析工况
1	F1	969.2～979.3	10.1	2013.2.15～2013.3.23	37	施工期：分步施工+固结分析
2	F2	979.3～987.8	8.5	2013.3.23～2013.4.6	14	施工期：分步施工+固结分析
3	F3	987.8～997.6	9.8	2013.4.6～2013.4.27	22	施工期：分步施工+固结分析
4	F4	997.6～1009.4	11.8	2013.4.27～2013.6.13	17	施工期：分步施工+固结分析
5	F5	1009.4～1021.5	12.1	2013.6.13～2013.6.26	14	施工期：分步施工+固结分析
6	F6	1021.5～1031.2	9.7	2013.6.26～2013.9.5	69	施工期：分步施工+固结分析
7	F7	1031.2～1041.4	10.2	2013.9.5～2013.10.20	45	施工期：分步施工+固结分析
8	F8	1041.4～1051.1	9.7	2013.10.20～2013.11.5	15	施工期：分步施工+固结分析
9	F9	1051.1～1059.1	8.0	2013.11.5～2013.11.28	24	施工期：分步施工+固结分析
10	冬歇	1059.1～1059.1	0.0	2013.11.28～2014.3.25	117	冬歇期：固结时效变形分析
11	F10	1059.1～1070.3	11.2	2014.3.25～2014.6.5	70	施工期：分步施工+固结分析

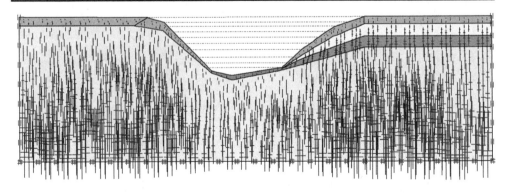

图 5-3-4　模拟断面的初始地应力场

2. 变形参数反演分析

渗透系数 k_y、修正压缩指数 λ^*、修正膨胀指数 κ^* 和修正蠕变指数 μ^* 对变形影响较大。各变形参数之间的经验关系式如式（5-3-1）～式（5-3-5）所示。土的抗剪强度参数（黏聚力 c、内摩擦角 φ）对变形的影响小，土层的泊松比 μ、重度 γ 等参数变化不大，因此不对这些参数进行反演。

$$\lambda^* = \frac{C_c}{2.3(1+e_0)} \tag{5-3-1}$$

$$\kappa^* \approx \frac{2C_r}{2.3(1+e_0)} \tag{5-3-2}$$

$$\mu^* = \frac{C_a}{2.3(1+e_0)} \tag{5-3-3}$$

$$C_c = \frac{2.3(1+e_0)\sigma}{E_s} \tag{5-3-4}$$

$$E_0 = \left(1 - \frac{2\mu^2}{1-\mu}\right)E_s \tag{5-3-5}$$

式中：C_c 为压缩指数；C_r 为膨胀指数；C_a 为次固结系数；E_s、E_0 分别为荷载为 σ 时的压缩模量（MPa）及弹性模量（MPa）；e_0 为初始孔隙比；μ 为泊松比。原场地岩土层的初始计算参数如表 5-3-2 所示，原场地处理层和填土层的初始反演参数如表 5-3-3 所示，最终反演参数如表 5-3-4 所示。填土层的初始变形参数由室内固结蠕变试验获得。

表 5-3-2　原场地岩土层的初始计算参数

土层类型	E_s /MPa	μ	c /kPa	φ /（°）	γ /(kN/m³)	γ_{sat} /(kN/m³)
马兰黄土层	13	0.32	30.0	25.0	15.0	18.3
离石黄土层	17	0.32	35.0	24.0	18.2	19.7
红黏土层	22	0.30	90.0	20.2	19.8	20.4
砂、泥岩层	2000	0.30	200.0	35.0	22.0	24.5

表 5-3-3　原场地处理层和填土层的初始反演参数

分层	E_s /MPa	λ^*	κ^*	μ^*	c /kPa	φ /（°）
原场地处理层	39.13	0.0065	0.00065	0.00022	72.40	28.80
F1	25.16	0.0755	0.00755	0.00252	50.51	27.22
F2	25.16	0.0676	0.00676	0.00225	50.51	27.22
F3	14.50	0.1034	0.01034	0.00345	50.51	27.22
F4	14.50	0.0897	0.00897	0.00299	50.51	27.22

续表

分层	E_s /MPa	λ^*	κ^*	μ^*	c /kPa	φ /(°)
F5	14.50	0.0759	0.00759	0.00253	50.51	27.22
F6	14.86	0.0606	0.00606	0.00202	50.51	27.22
F7	21.35	0.0328	0.00328	0.00109	50.51	27.22
F8	21.35	0.0234	0.00234	0.00078	50.51	27.22
F9	13.31	0.0225	0.00225	0.00075	50.51	27.22
F10	6.52	0.0153	0.01530	0.00051	50.51	27.22

表 5-3-4　原场地处理层和填土层的最终反演参数

分层	λ^*	κ^*	μ^*	k_y / (m/d)	E_s /MPa	E_0 /MPa
原场地处理层	0.0226	0.0023	0.0008	0.00011	94.30	70.05
F1	0.0237	0.0024	0.0008	0.0043	80.94	60.13
F2	0.0239	0.0024	0.0008	0.0049	72.77	54.05
F3	0.0151	0.0015	0.0005	0.0053	101.49	75.39
F4	0.0400	0.0040	0.0013	0.0058	32.09	23.84
F5	0.0600	0.0060	0.0020	0.0069	17.15	12.74
F6	0.0250	0.0025	0.0008	0.0073	32.97	24.49
F7	0.0221	0.0022	0.0007	0.0084	27.57	20.48
F8	0.0234	0.0023	0.0008	0.0086	17.30	12.85
F9	0.0248	0.0025	0.0008	0.0097	9.52	7.07
F10	0.0261	0.0026	0.0009	0.0095	4.52	3.36

反演参数（弹性模量及渗透系数）随填土厚度（反演土层数量）变化曲线如图 5-3-5 所示。由图可知，弹性模量随反演土层厚度增大（数量增多）总体呈减小趋势，而渗透系数随着反演土层的厚度增大（数量增多）总体呈增大趋势。这是因为随着上部填土施工，下部土层的上覆荷载增大，进一步压密，导致填土层下部的弹性模量较大、渗透系数较小，而填土层上部的弹性模量较小、渗透系数较大。

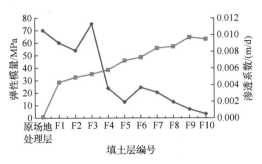

图 5-3-5　反演参数随填土厚度变化曲线

5.3.3　计算结果与分析

　　将基于实测数据反演所得的土层变形参数及渗透系数代入数值计算模型，计算工后沉降量，得到工后沉降量预测值云图如图 5-3-6 所示，典型监测点 JCS2 的工后沉降量预测值与实测值对比曲线如图 5-3-7 所示。由图可知，工后沉降量最大值发生在填土厚度最大处，两侧填土厚度较小，工后沉降量也较小。工后沉降量随时间延长，增长速度逐渐放缓，最后趋于稳定状态。监测点 JCS2 在工后 581d 时的工后沉降量预测值较实测值的相对误差约为 2.5%，表明二者的吻合较好，反演参数能够用于预测工后沉降量。

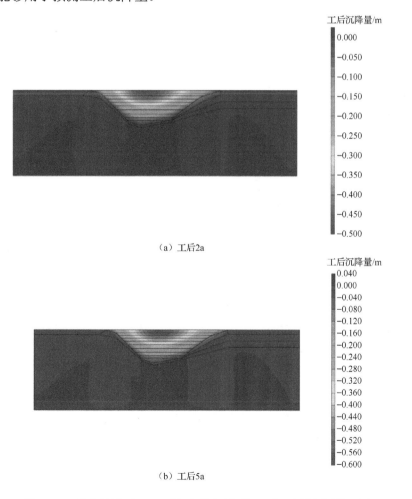

（a）工后2a

（b）工后5a

图 5-3-6　试验场地I中 DM1 断面不同时间的工后沉降量预测值云图

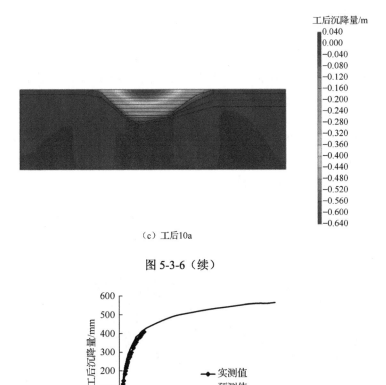

（c）工后10a

图 5-3-6（续）

图 5-3-7　监测点 JCS2 的工后沉降量预测值与实测值对比曲线

　　根据反演参数计算得到工后 10a 时各监测点的沉降量曲线如图 5-3-8 所示，工后沉降预测结果如表 5-3-5、表 5-3-6 所示。由表可知，工后 10a 内模拟断面的工后沉降量最大值为 623mm，发生在监测点 JCS3。原场地的工后沉降量最大值并未发生在填土厚度最大处，而发生在填土厚度最小的监测点 JCS6 附近，该处虽然上覆填土厚度较小，但原场地土层厚度较大。模拟断面沟谷中部谷底覆盖层较薄，原场地的工后沉降量仅占总工后沉降量（原场地的工后沉降量+填筑体的工后沉降量）的 4.8%～17.0%，工后沉降比（填土沉降量/填土厚度）的 0.56%～0.75%。

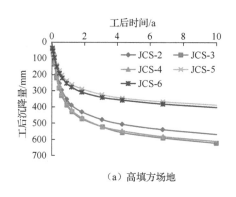

（a）高填方场地

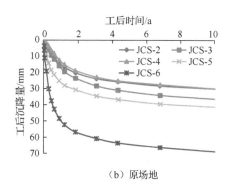

（b）原场地

图 5-3-8 工后 10a 时各监测点的沉降量曲线

表 5-3-5 各监测点不同工后时间的沉降预测值

工后时间/a	参数	JCS2	JCS3	JCS4	JCS5	JCS6
1	沉降量/mm	370.6	406.2	401.7	248.6	259.8
	沉降速率/（mm/d）	0.490	0.542	0.534	0.320	0.325
2	沉降量/mm	448.4	491.2	485.9	290.3	314.2
	沉降速率/（mm/d）	0.196	0.214	0.211	0.132	0.132
3	沉降量/mm	477.6	516.4	522.2	323.3	337.7
	沉降速率/（mm/d）	0.105	0.113	0.112	0.072	0.072
5	沉降量/mm	519.1	567.8	560.6	350.6	365.3
	沉降速率/（mm/d）	0.061	0.066	0.065	0.043	0.043
10	沉降量/mm	567.6	623.0	612.9	386.0	400.9
	沉降速率/（mm/d）	0.023	0.024	0.024	0.017	0.017

表 5-3-6 各监测点的工后沉降预测值汇总

监测点	JCS2	JCS3	JCS4	JCS5	JCS6
填土厚度/m	103.9	106.4	104.2	64.2	53.6
原场地厚度/m	5.1	2.9	2.3	1.1	24.0
总工后沉降量/mm	577.0	623.0	612.9	386.0	400.9
原场地工后沉降量/mm	30.0	36.3	29.5	41.1	68.1
工后沉降比/%	0.56	0.58	0.59	0.60	0.75
原场地工后沉降占总工后沉降比/%	5.2	5.8	4.8	10.6	17.0

工后沉降预测的重要目的之一是用来判定工后沉降稳定状态，确定后续工程的建设时机。现有相关标准、规范的沉降控制及稳定判定标准如表 5-3-7 所示。

表 5-3-7　现有相关标准、规范的沉降控制及稳定判定标准

编号	标准、规范名称	相关规定或建议简述
1	《建筑变形测量规范》 （JGJ 8—2016）[81]	建筑沉降达到稳定状态可由沉降量与时间关系曲线判定。当最后100d 的最大沉降速率小于 0.01～0.04mm/d 时，可认为已达到稳定状态
2	《建筑地基基础设计规范》 （GB 50007—2011）[82]	建筑物的地基变形允许值应根据上部结构对地基变形的适应能力和使用上的要求确定
3	《公路路基设计规范》 （JTG D30—2015）[83]	路面铺筑必须待沉降稳定后进行。在等载条件下，推算的工后沉降量小于设计容许值，且连续两个月监测的沉降量每月不超过5mm，方可卸载开挖路槽、开始路面铺筑
4	《铁路路基设计规范》 （TB 10001—2016）[84]	对于速度为 200km/h 以下的客货共线铁路，I 级铁路一般地段工后沉降不应大于 200mm，桥台台尾过渡段工后沉降（差异沉降）不应大于 100mm，沉降速率不应大于 50mm/a；II 级铁路一般地段工后沉降不应大于 300mm，桥台台尾过渡段工后沉降（差异沉降）不应大于 150mm，沉降速率不应大于 60mm/a
5	《新建时速 200 公里客货共线铁路设计暂行规定》（铁建设函〔2005〕285 号）[85]	路基的工后沉降量一般地段不应大于 15cm，年沉降速率应小于4cm/a，桥台台尾过渡段路基工后沉降不应大于 8cm
6	《碾压式土石坝设计规范》 （SL 274—2020）[86]	竣工后的坝顶沉降量不宜大于坝高的 1%。对于特殊土坝基，总沉降量应视工程实际情况确定
7	《民用机场岩土工程设计规范》 （MH/T 5027—2013）[87]	飞行区道面影响区的工后沉降：跑道 0.2～0.3m，滑行道 0.3～0.4m，机坪 0.3～0.4m；工后差异沉降：跑道沿纵向 1.0‰～1.5‰，滑行道沿纵向 1.5‰～2.0‰，机坪沿排水方向 1.5‰～2.0‰。飞行区土面区：应满足排水、管线和建筑等设施的使用要求

表 5-3-7 中所列标准、规范对沉降变形的控制及稳定性判定，主要采用的是总沉降量、差异沉降量、沉降速率等指标。由于原场地的地形地貌、地质构造、地层岩性和土方填筑等因素的复杂性和资料积累的有限性，目前高填方场地沉降稳定判别没有成熟的标准[88]。本次参照表 5-3-7 中的沉降变形控制及稳定标准，结合实测值和预测值分别确定沉降速率达到 0.16mm/d、0.10mm/d、0.04mm/d 的时间如表 5-3-8 所示。

表 5-3-8　各监测点达到某一变形速率的时间统计结果

沉降速率/（mm/d）	时间/a				
	JCS2	JCS3	JCS4	JCS5	JCS6
0.16	2.5	2.5	2.5	1.6	1.6
0.10	3.4	3.4	3.4	2.4	2.3
0.04	6.8	6.8	6.8	4.3	4.3

由表 5-3-8 可知，该断面各监测点预计在工后约 3～5a 沉降速率小于0.10mm/d；预计工后约 7a 沉降速率小于 0.04 mm/d。

5.4　小　　结

（1）压实黄土的一维固结蠕变试验结果显示，压实黄土有明显的蠕变变形，蠕变变形占总变形的 6%～23%。试样含水率越高，压实系数越小，蠕变变形占总变形的比例也越大，随着应力水平的提高，蠕变变形占总变形的比例减小。

（2）通过分析压实黄土的一维固结蠕变试验数据，基于应力、应变、时间三参量的相关关系，提出了适合描述压实黄土变形规律的非线性经验蠕变模型，结合分层总和法可计算高填方场地的工后沉降。实例计算结果显示，该模型能准确描述压实黄土工后沉降的发展过程和演化趋势。

（3）在具备完整的施工期分层沉降监测资料的情况下，采用分层迭代反演分析法能较好地解决数值计算参数的取值问题，能反映各种因素尤其是施工加载对填土变形参数的综合影响，结合现场监测与数值计算二者优点能较准确合理地预测黄土高填方场地的工后沉降量。

第6章 高填方场地变形的现场监测研究

黄土高填方场地的沉降与不均匀沉降是工程关注的重点问题,过大的场地沉降是各类工程事故和地质灾害的主要原因。若要避免或减少上述工程问题的出现,就必须掌握黄土高填方场地的变形与稳定状态,这就需要依赖于科学可靠的岩土工程监测工作,通过原位监测了解和掌握沉降变形的时空规律和发展趋势,基于监测结果指导施工期高填方场地处理措施的制定、地势和土方平衡设计,为工后期建(构)筑物的合理规划布局和确定合理的后续地面工程建设时机提供依据。本章基于试验场地的原位监测资料,分析黄土高填方场地内部沉降和地表沉降的时空变化规律及演化趋势,总结地形条件、填土厚度等因素对黄土高填方场地沉降变形的影响规律,并结合土压力和孔隙水压力监测数据,探讨黄土高填方场地原场地和填筑体沉降变形特征的成因机制。

6.1 变形监测系统设计

6.1.1 监测项目及目的

黄土高填方工程缺乏相应的监测技术标准可供参考;本次研究根据黄土高填方工程动态化设计、信息化施工的实际需求,结合实际地形地貌特征、工程地质与水文地质条件、填料特性和施工特点等,围绕填筑体、原场地等重点监测对象,设置的主要监测项目及其监测目的如表 6-1-1 所示。

表 6-1-1 试验场地的主要监测项目及其监测目的

监测项目		监测对象	监测目的
变形	内部沉降	填筑体、原场地	通过监测原场地沉降及填筑体分层沉降,了解不同深度的沉降变形过程及沉降趋势
	地表沉降	填筑体	通过监测工后地表沉降和差异沉降,为预测工后沉降量和稳定时间等提供依据
应力	孔隙水压力	填筑体、原场地	通过监测孔压增长与消散过程,了解地基固结情况,分析填筑体与原场地的变形性状成因机制
	土压力	填筑体	通过监测土压力的大小及其分布和变化情况,分析填筑体的变形性状成因机制

表 6-1-1 中的监测项目以内部沉降、地表沉降为主，土压力、孔隙水压力为辅。试验场地基于上述监测项目，建立包含地表与土体内部相结合的综合立体变形监测网络，全面了解高填方场地的变形与稳定状态。

6.1.2　监测方案及方法

试验场地I监测点的平面布置情况如图 6-1-1 所示，试验场地II监测点的平面布置情况如图 6-1-2 所示，监测系统采用的主要监测仪器及监测现场照片如图 6-1-3 所示。为便于监测数据的相互验证和关联分析，本次在关键断面处将监测点的地表沉降、内部沉降（F）与土压力（E）、孔隙水压力（P）等监测仪器集中布设于同一探井中，各监测点布置及监测方法如下。

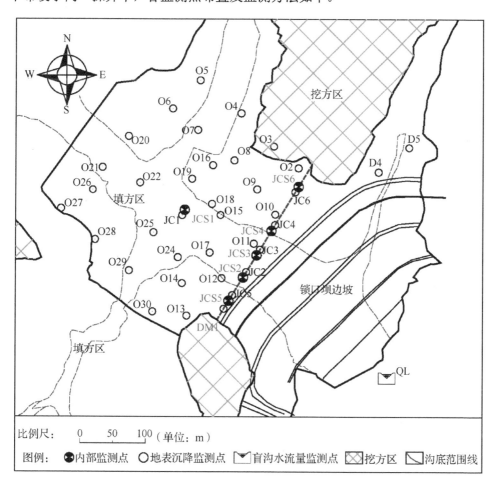

图 6-1-1　试验场地I的监测点平面布置图

（a）地表监测点

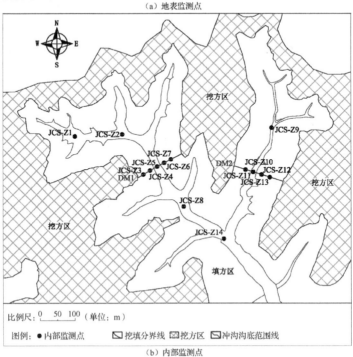

（b）内部监测点

图 6-1-2　试验场地Ⅱ的监测点平面布置图

（i）电子水准仪 （ii）北斗变形监测系统

（a）地表沉降

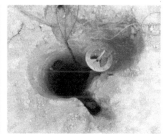

（i）深层沉降标 （ii）电磁式沉降仪 （iii）串接式位移计

（b）内部沉降

（i）土压力计 （ii）孔隙水压力计

（c）应力监测

图 6-1-3 主要监测仪器及监测现场照片

（1）地表沉降监测：一般区域采用电子水准仪、铟瓦钢尺，仪器测量精度±0.3 mm/km，本次高程控制网采用从整体到局部、逐级建立控制的方式，根据《工程测量标准》（GB 50026—2020）[89]中二等水准测量，要求水准线路长度平均 1～3km 应布设节点，沿场区四周稳固处布设水准基准点，并基于此布设了高程控制网。沉降基准点均位于稳定区域，构成闭合环，并采用独立高程基准。重点区域采用自主研发的北斗变形监测系统。监测点布设方式为：首先沿主沟、支沟中心，顺沟方向设置纵剖测线，纵剖测线上的测点间距为 50～100m；然后垂直于纵剖测线设置横剖测线，横剖测线上的测点间距为 50～100m；最后在挖填交界区及地形变化较大区域加密，各监测点形成地表沉降监测网。

（2）内部沉降监测：以采用自主研发的串接式位移计为主（分层测量量程为 400mm，测量精度为 0.2%F.S），辅以少量电磁式沉降仪（测量精度为±1mm）及分层沉降标（水准测量精度在±2mm/km 以内）。根据离心模型试验揭示的不均匀沉降变形规律，本次在沟谷中心、沟谷斜坡处设置监测点，内部沉降测点主要设置在原场地顶面及填筑体内一定厚度土层界面上，填筑体内测点垂直间距 3～8m。

（3）孔隙水压力监测：监测仪器采用孔隙水压力计，最大量程 0.6MPa，测量精度 0.1%F.S。监测点主要布设于原场地冲洪积层、淤积层中以及地下水位线附近的非饱和土层中，测点垂直间距 2～3m。

（4）土压力监测：监测仪器采用土压力计，最大量程 3MPa，测量精度 1%F.S。监测点主要布设于填筑体内，根据离心模型试验揭示的土压力分布规律，本次在原场地沟谷中部、沟谷斜坡上分别布设垂直测线，测点垂直间距 5～10m。

6.2　变形监测结果与分析

6.2.1　内部沉降变形的时空变化规律

1. 原场地沉降变形的时空变化规律

试验场地I中 DM1 剖面、试验场地II中 DM1 和 DM2 剖面典型监测点的原场地沉降曲线如图 6-2-1、图 6-2-2 所示。图中各监测点名称中的"H"表示测点处的填土厚度，"S"表示测点处的沉降量，以下相同。从图中可以看出，各监测点在施工期原场地沉降变化规律具有相似性，施工期沉降曲线较为陡峭，工后沉降曲线较为平缓。由图 6-2-1 和图 6-2-2 可知，当土方填筑连续施工时，随填土厚度增加，沉降迅速增大；施工间歇期，停荷恒载，沉降减缓；土方填筑施工停止，填土厚度不变，沉降缓慢增大，并逐渐趋于稳定。

为了分析原场地沉降的变化机制，需要借助孔隙水压力监测数据，从有效应力变化角度来分析。试验场地I、试验场地II中典型监测点不同深度处的孔隙水压力时程曲线分别如图 6-2-3、图 6-2-4 所示。在土方填筑施工前，原场地饱和土中各测点的初始孔隙水压力值与静水压力基本相等，表明强夯处理原场地时，产生的超静孔隙水压力已基本消散完毕。各测点的孔隙水压力总体趋势为：荷载增大，孔隙水压力增大；停荷恒载，孔隙水压力逐步消散。

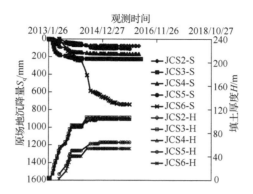

图 6-2-1 试验场地I中典型监测点的原场地沉降曲线

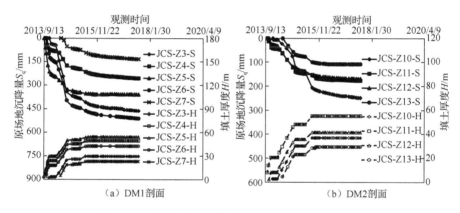

（a）DM1剖面 （b）DM2剖面

图 6-2-2 试验场地II中典型监测点的原场地沉降曲线

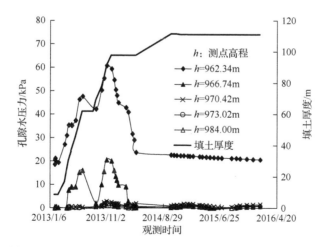

图 6-2-3 试验场地I中监测点 JCS3-P 的孔隙水压力时程曲线

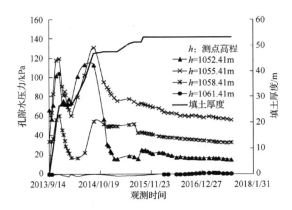

图 6-2-4　试验场地Ⅱ中监测点 JCS-Z5-P 的孔隙水压力时程曲线

计算各测点原位置的孔隙水压力值，并绘制超静孔隙水压力时程曲线如图 6-2-5、图 6-2-6 所示。试验场地的孔隙水压力增长和消散模式主要为以下 3 类。

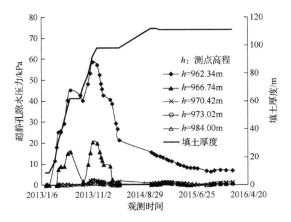

图 6-2-5　试验场地Ⅰ中监测点 JCS3-P 的超静孔隙水压力时程曲线

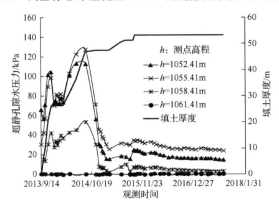

图 6-2-6　试验场地Ⅱ中监测点 JCS-Z5-P 的超静孔隙水压力时程曲线

（1）即时变化型。该型测点位于地下水位以下的饱和土层中。在施工时段，土方填筑速率快时，孔隙水无法在较短的时间内全部挤出，超静孔隙水压力迅速增大，经连续施工后达到孔隙水压力峰值；土方填筑速率较慢时，超静孔隙水压力增长变缓甚至发生消散；在临时停工时段和工后时段，超静孔隙水压力均表现出先快速消散后缓慢消散的特点，这符合超静孔隙水压力的一般增长和消散规律。图 6-2-6 中高程为 1052.41m 测点，由于其临近地下排水盲沟，其排水路径较其他测点短，施工期消散的速度较快。土方填筑速率最快的时期也是日均超静孔隙水压力增长最快的时期，二者呈正相关关系。

（2）逐步变化型。该型测点位于临近地下水位面的高饱和度土层中。图 6-2-5 中监测高程为 966.74m 的测点，位于地下水位之上（水位变化范围为 961.28～964.46m），初期并未观测到孔隙水压力，但随着填土厚度增大，上覆荷载增加，土体逐步压缩，土中孔隙减小，土的含水率在远离地下水位面深度处变化不大，而在临近地下水位面的深度处有所增加，均会使土的饱和度逐步增大。当土的饱和度增大至一定程度后，土的变形趋势会引起类似饱和土的超静孔隙水压力[90]。当观测到孔隙水压力后，其增长和消散模式受土方填筑施工的影响明显，其变化过程表现出增长快、消散快的特点。需要注意的是，本次选用的孔隙水压力计测头采用粗孔滤水石，根据文献[91]的研究成果，该型孔隙水压力计在非饱和土中的观测值应是孔隙气压力与孔隙水压力的综合压力，与土体完全饱和后的孔隙水压力不同。因此，不能按饱和土理论，将该孔隙水压力观测值用于分析计算地基固结度或评估地基稳定性。

（3）不变化型。该型测点位于远离地下水位面的非饱和土中。图 6-2-5、图 6-2-6 中多个测点在整个施工期和工后期的孔隙水压力观测值几乎一直是 0。在这些测点处，尽管随填土厚度增加，土的孔隙比减小，但含水率普遍不高且变化不大，土的饱和度增加有限。当土料含水率变化不大时，在饱和度较低的情况下，尚无法引起类似饱和土的超静孔隙水压力。

将试验场地Ⅱ中 DM1 剖面监测点 JCS-Z5-P 的孔压监测结果整理成超静孔隙水压力-原场地沉降量-填土厚度-观测时间变化曲线，如图 6-2-7 所示。

在施工期加载条件下，原场地总沉降随填土厚度增加而迅速增大，对应超静孔隙水压力也迅速增大。根据各测点的位置，估算出该点孔隙水压力增量 Δu 随填土荷载 Δp 增大的速率 $\Delta u / \Delta p$，各测点的 $\Delta u / \Delta p$ 为 0.01～0.25。表明在土方填筑施工过程，增加的上覆填土荷载主要由土体骨架承担，仅有小部分由孔隙水来承担，土中有效应力的增大必然产生较大的压缩变形。在工后期恒载条件下，超静孔隙水压力消散变慢，沉降速率逐渐变小。如图 6-2-7 所示，2015 年 9 月至 2017 年 8 月共 24 个月，试验场地Ⅱ中监测点 JCS-Z5-P 在高程 1052.41m、1055.41m、1058.41m 处，超静孔隙水压力消散了 3.5～9.9kPa，此时原场地土层的压缩量仅为

1.0mm。分析认为在上覆填土荷载作用下，土的孔隙比减小，土层渗透性降低，土中孔隙水排出、超静孔隙水压力消散需要更长时间，有效应力增大也随之放缓，加之压缩模量增大，使沉降速率变小。从图 6-2-7 中超静孔隙水压力消散的趋势来看，工后期超静孔隙水压力完全消散仍需较长时间，即原场地饱和土达到沉降稳定是一个长期过程。以上分析说明饱和原场地土层在有效应力基本不变的情况下，产生的沉降很小，即工后蠕变沉降很小，原场地沉降主要是上覆填土荷载作用下的瞬时沉降和固结沉降。

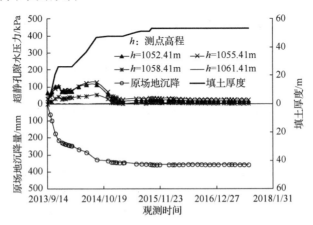

图 6-2-7　原场地超静孔隙水压力-原场地沉降量-填土厚度-观测时间变化时程曲线

2. 填筑体沉降变形的时空变化规律

1）填筑体沉降变形的时间变化规律

试验场地I中 DM1 剖面、试验场地II中 DM1 和 DM2 剖面典型监测点的填筑体总沉降曲线如图 6-2-8、图 6-2-9 所示。试验场地II中 DM1 剖面监测点 JCS-Z5-F填筑体的分层沉降量和沉降速率时程曲线如图 6-2-10 所示，图中编号 F 表示分层区间。

从图 6-2-8～图 6-2-10 中可以看出，填筑体与原场地在施工期的沉降变化规律具有相似性，施工期沉降曲线较为陡急，而工后沉降曲线逐步由陡急转为平缓，填筑体的沉降随填土厚度增加呈阶梯式变化的规律更为明显。施工期填筑体一般处于非饱和状态，在填土自重荷载作用下以排气压缩为主，随荷载增加会产生较大的瞬时沉降变形，这是导致沉降曲线在荷载增加后较为陡峭的主要原因。当土方填筑连续施工时，随填土厚度增加，沉降迅速增大；施工间歇期，停荷恒载，沉降减缓；土方填筑施工停止，填土厚度不变，但此时工后沉降变形量仍然较大，表明填筑体的沉降变形达到稳定仍需要较长时间。

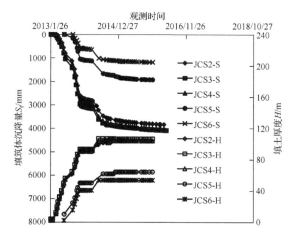

图 6-2-8　试验场地Ⅰ中典型监测点的填筑体沉降曲线

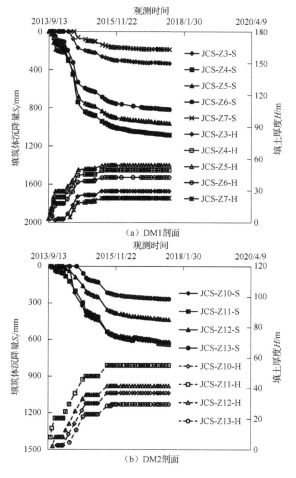

（a）DM1剖面

（b）DM2剖面

图 6-2-9　试验场地Ⅱ中典型监测点的填筑体沉降曲线

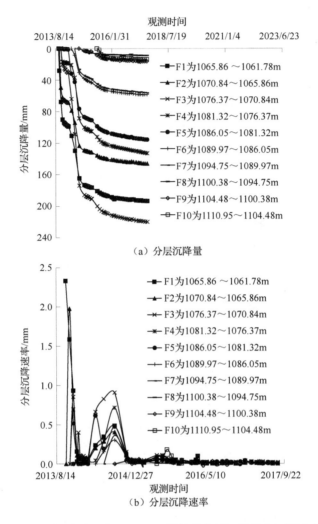

（a）分层沉降量

（b）分层沉降速率

图 6-2-10　试验场地 Ⅱ 中监测点 JCS-Z5-F 填筑体分层沉降量和沉降速率时程曲线

2）填筑体沉降变形的空间变化规律

试验场地中典型监测点的土层沉降量随测点高程（填土厚度）的变化曲线如图 6-2-11 所示。本次通过前文中介绍的内部沉降监测新装置测得每一监测层的上部沉降板与下部沉降板（原场地中为锚固头）之间的土体沉降变形，该沉降变形表示的是上、下沉降板之间土层的平均沉降量，对应测量高程为上、下沉降板高程的平均值。由图 6-2-11 可知，填筑体内的土层沉降变形随深度增加的变化规律主要分为先增大后减小再增大型和持续增大型两类。

（1）先增大后减小再增大型：填筑体内土层的压缩变形随深度增加而增大，出现峰值后迅速减小，而后再次增大，具有该类曲线特征的测点主要位于沟谷中部区域。设 d 为土层压缩变形曲线首个峰值点距原场地地面距离，H 为填土厚度，对峰值点出现位置的统计结果显示：在监测点 JCS2-F 处为 $d = 23.3\text{m}$，$H = 103.9\text{m}$；在监测点 JCS3-F 处为 $d = 27.1\text{m}$，$H = 106.5\text{m}$；在监测点 JCS4-F 处为 $d = 31.9\text{m}$，$H = 104.2\text{m}$；在监测点 JCS-Z4-F 处为 $d = 14.8\text{m}$，$H = 49.3\text{m}$；在监测点 JCS-Z5-F 处为 $d = 15.1\text{m}$，$H = 54.1\text{m}$；在监测点 JCS-Z11-F 处为 $d = 9.8\text{m}$，$H = 55.1\text{m}$。综合统计结果显示，土层压缩变形曲线首个峰值点距原场地地面的距离与填土厚度之比 d / H 为 0.2～0.3。

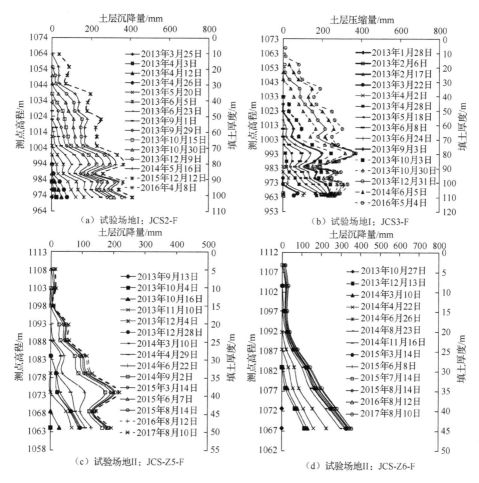

图 6-2-11　典型监测点土层沉降量随深度的变化曲线

（2）持续增大型：填筑体内土层的压缩变形随深度增加而逐步增大直至达到最大值，具有该类曲线特征的测点多位于沟谷斜坡区域。如试验场地I中 DM1 剖面监测点 JCS5-F、JCS6-F，试验场地II中的 DM1 剖面监测点 JCS-Z3-F、JCS-Z6-F、JCS-Z7-F 和 DM2 剖面监测点 JCS-Z10-F、JCS-Z12-F、JCS-Z13-F。上述曲线特征表明，高填方场地内部不同深度土层的压缩变形量受沟谷地形的影响明显。

3）填筑体沉降变形特征的力学机制分析

试验场地I中典型监测点的土压力观测值与测点高程（填土厚度）关系曲线如图 6-2-12 所示。由图可知，土压力观测值随深度变化曲线分为先增大后减小再增大型和连续增大型两类。

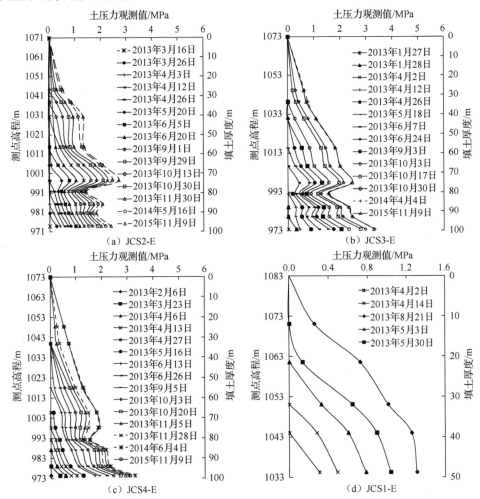

图 6-2-12　土压力沿深度方向上的分布情况

（1）先增大后减小再增大型：该型测点主要位于沟谷中部的填土中。监测点 JCS2-E（原场地土层厚度为 1.1m，总填土厚度为 103.8m）、JCS3-E（原场地土层厚度为 5.1m，总填土厚度为 106.5m）、监测点 JCS4-E（原场地土层厚度为 2.9m，总填土厚度为 104.2m）的土压力观测值由增大变为减小的转折点出现在高程997.7m、998.3m、998.7m，距填筑体顶面的深度分别约为 73.6m、75.2m、74.7m，从填筑体底部起算，转折点约位于总填土厚度的 1/3 深度处。

（2）连续增大型：该型测点主要位于宽敞沟谷和沟谷斜坡部位的填土中。以监测点 JCS1-E 为例，由图 6-2-12（d）可知，土压力随填土厚度的增加持续增大。

综上所述，沟谷中部沉降大于沟谷两侧沉降，同时两侧边坡对中间填土起到"侧限"作用，沉降变形的不一致性，使土体内部发生相对位移，土颗粒间产生互相"揳紧"的作用，沟谷两侧土柱会对沟谷中部土柱产生一种向上的阻力（通过土颗粒之间的黏结力和摩阻力传递的），使沟谷中部一部分填土自重荷载传递到沟谷两侧，使沟谷两侧作为支撑的"拱脚"，满足了土拱形成的基本条件[92-93]。此外，结合前文的离心模型试验结果可以发现，由于土拱效应的存在，使一些沟谷两侧会对沟谷中部的土压力起到一定的分担作用，这就导致在沟谷填方一定深度处，沟谷中部的实测土压力小于理论计算值，而沟谷两侧实测土压力常大于理论计算值。"土拱效应"的存在，使一些沟谷中部填土的自重荷载未能全部传至沟谷底部，这是导致填土沉降变形随深度增加先增大后减小再增大的主要原因。

3. 高填方总沉降变形规律

试验场地I、试验场地II中典型断面各内部沉降量统计结果如表 6-2-1、表 6-2-2 所示。表中 S_q、S_f、S_t 分别表示施工期原场地、填筑体沉降量和土层总沉降量；S_{qc}、S_{fc}、S_{tc} 分别表示工后期原场地、填筑体沉降量和土层总沉降量。

表 6-2-1　试验场地I中典型监测点的内部沉降统计结果

项目		JCS2-F	JCS3-F	JCS4-F	JCS5-F	JCS6-F
填筑体土层厚度 H_f /m		103.8	106.5	104.2	64.2	53.6
原场地土层厚度 H_q /m		1.1	5.1	2.9	2.3	24.0
厚度比 H_f / H_q		94.4	20.7	36.0	27.9	2.2
施工期	施工期沉降量/mm S_q	76.1	223.2	157.2	103.8	411.1
	S_f	3645.8	3610.2	3502.4	1780.2	1011.4
	S_t	3721.9	3833.4	3659.6	1884.0	1422.5
	沉降比例/% S_q / S_t	2.04	5.82	4.30	5.51	28.90
	S_f / S_t	97.96	94.18	95.70	94.49	71.10
	沉降厚度比/% S_f / H_f	3.51	3.39	3.36	2.77	1.89
	$S_t /(H_f + H_q)$	3.55	3.43	3.42	2.83	1.83
工后期	工后期沉降量/mm S_{qc}	2.0	3.8	12.0	6.7	331.5
	S_{fc}	194.1	477.0	523.9	147.0	170.5
	S_{tc}	196.1	480.8	535.9	153.7	502.0
	沉降比例/% S_{qc} / S_{tc}	1.02	0.79	2.24	4.36	66.04
	S_{fc} / S_{tc}	98.98	99.21	97.76	95.64	33.96
	沉降厚度比/% S_{fc} / H_f	0.19	0.45	0.50	0.23	0.32
	$S_{tc} /(H_f + H_q)$	0.19	0.43	0.50	0.23	0.65

表 6-2-2　试验场地 II 中典型监测点的内部沉降统计结果

项目			DM1					DM2			
监测点编号			JCS-Z3-F	JCS-Z4-F	JCS-Z5-F	JCS-Z6-F	JCS-Z7-F	JCS-Z10-F	JCS-Z11-F	JCS-Z12-F	JCS-Z13-F
填筑体土层厚度 H_f /m			29.5	49.3	54.1	42.4	23.0	38.0	55.1	41.5	29.4
原场地土层厚度 H_q /m			30.3	17.9	11.6	21.2	39.5	19.8	5.0	11.4	27.0
厚度比 H_f / H_q			1.0	2.8	4.7	2.0	0.6	1.9	11.0	3.6	1.1
施工期	沉降量/mm	S_q	263.4	226.9	353.0	463.6	93.8	206.7	153.1	154.5	100.1
		S_f	408.6	920.4	884.1	775.5	139.7	540.7	536.3	354.1	215.2
		S_t	672.0	1147.3	1237.1	1239.2	233.5	747.4	689.4	508.6	315.3
	沉降比例/%	S_q / S_t	39.20	19.78	28.53	37.41	40.17	27.66	22.21	30.38	31.75
		S_f / S_t	60.80	80.22	71.47	62.58	59.83	72.34	77.79	69.62	68.25
	沉降厚度比/%	S_f / H_f	1.3851	1.8669	1.6342	1.8290	0.6074	1.4229	0.9733	0.8533	0.7320
		$S_t /(H_f + H_q)$	1.1237	1.7073	1.8830	1.9484	0.3736	1.2931	1.1471	0.9614	0.5590
工后期	沉降量/mm	S_{qc}	54.5	40.1	13.5	66.9	40.1	42.1	23.7	15.0	8.4
		S_{fc}	71.4	143.8	175.3	184.3	49.9	79.6	104.9	83.4	52.4
		S_{tc}	125.9	183.9	188.8	251.2	90.0	121.7	128.6	98.4	60.8
	沉降比例/%	S_{qc} / S_{tc}	43.29	21.81	7.15	26.63	44.56	34.59	18.43	15.24	13.82
		S_{fc} / S_{tc}	56.71	78.19	92.85	73.37	55.44	65.41	81.57	84.76	86.18
	沉降厚度比/%	S_{fc} / H_f	0.24	0.29	0.32	0.43	0.22	0.21	0.19	0.20	0.18
		$S_{tc} /(H_f + H_q)$	0.21	0.27	0.29	0.39	0.14	0.21	0.21	0.19	0.11

　　试验场地 II 中 DM1 剖面监测点 JCS-Z5-F 的沉降量-填土厚度-观测时间关系曲线如图 6-2-13 所示，沉降速率-观测时间关系曲线如图 6-2-14 所示。

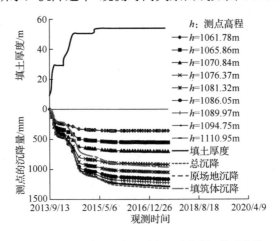

图 6-2-13　沉降量-填土厚度-观测时间关系曲线

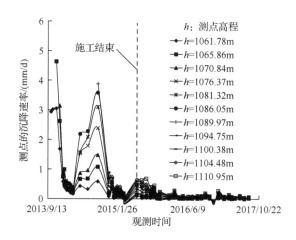

图 6-2-14　沉降速率-观测时间关系曲线

由图 6-2-13 可知，不同深度测点的沉降曲线与填土厚度曲线均相对应，一旦填筑施工停止，沉降曲线便出现明显拐点，并逐步趋于平缓，反映出原场地和填筑体土层在施工期的快速压密过程和工后期的缓慢压缩固结过程。由图 6-2-14 可知，土方施工完成后，沉降速率先较快降低、后缓慢降低，不同深度土层的沉降速率按照先深部、后浅部的顺序逐步趋于稳定。

6.2.2　地表沉降变形的时空变化规律

1. 地表沉降的时间变化规律

依托工程场地的地表沉降曲线的特征类似，这里仅选取试验场地 I、试验场地 II 中部分典型监测点的地表沉降数据，绘制工后沉降量-沉降速率-观测时间关系曲线，如图 6-2-15、图 6-2-16 所示。试验场地 I 中，地表沉降监测点 JC2、JC3、JC4、JC5、JC6 分别紧邻内部监测点 JCS2、JCS3、JCS4、JCS5、JCS6；试验场地 II 中，地表沉降监测点 50、51、52、53、54 分别紧邻深部监测点 JCS-Z3、JCS-Z4、JCS-Z5、JCS-Z6 和 JCS-Z7，地表沉降监测点 72、A71、A70、A69 分别紧邻深部监测点 JCS-Z10、JCS-Z11、JCS-Z12、JCS-Z13。依托工程试验场地的土方填筑非连续，施工期间历经了填筑施工、冬歇停工、雨期停工等阶段。从图中可以看出，无论是冬歇停工期还是工后期阶段，填土自重荷载不再增加，土方施工加载引起的瞬时沉降均已完成，主固结沉降持续发生，工后地表沉降曲线表现出由陡变缓的渐变过程，尚未出现明显的拐点，在观测时段内沉降变形尚未达到极限稳定状态，近似呈"J"形曲线形态。

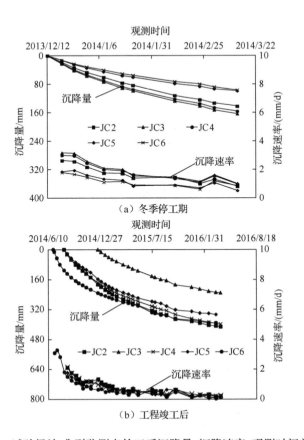

（a）冬季停工期

（b）工程竣工后

图 6-2-15　试验场地I典型监测点的工后沉降量-沉降速率-观测时间关系曲线

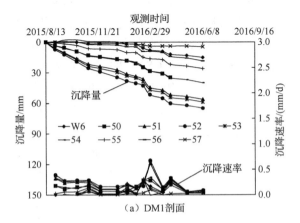

（a）DM1剖面

图 6-2-16　试验场地II中典型监测点的工后沉降量-沉降速率-观测时间关系曲线

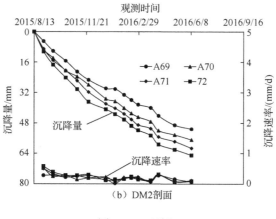

（b）DM2剖面

图 6-2-16（续）

除依托工程的工后沉降数据资料外，本次还搜集了延安新机场试验段的部分沉降观测资料。延安新机场试验段工后地表沉降量-沉降速率-观测时间关系曲线如图 6-2-17 所示。延安新机场试验段土方工程属连续施工，工后沉降监测工作自 2010 年 10 月 6 日开始至 2012 年 9 月 17 日结束，历时 713d。

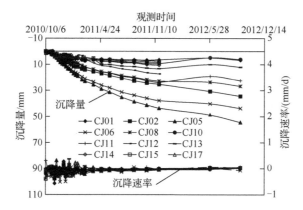

图 6-2-17　延安新机场试验段工后地表沉降量-沉降速率-观测时间关系曲线

由图 6-2-17 可知，多数沉降曲线与依托工程类似，近似呈"J"形曲线形态，但部分沉降曲线表现出初始阶段短时平缓，中间阶段较为陡峭，最后又逐渐趋于平缓，总体近似呈"S"曲线形态，与文献[94]理论证明的地基沉降曲线形态类似。将 4.3.9 节模型试验与原型地表沉降观测结果比较可知，当原场地土层厚度较薄时，采用模型可较准确地反映原型的工后沉降变化规律及发展趋势。根据离心模型试验结果，与试验场地I中 DM1 剖面监测点 JCS3 对应的模型表面沉降监测点，在工后沉降 1889d（约 5.2a）时，沉降速率降低为 0.2mm/d，沉降曲线总体无较大突变现象，仍呈"J"形曲线形态发展，并逐渐趋于稳定。

2. 地表沉降的空间变化规律

1）沟谷横剖面的沉降变化规律

试验场地II中沟谷横剖面DM1测线（W6、50～56）、DM2测线（72、A71、A70、A69）的工后地表沉降监测曲线如图6-2-18所示。由图6-2-18可知，沟谷剖面地表沉降呈"沉降盆"的形态分布，沟谷中部原场地土层厚度最小，填土厚度最大，工后沉降也最大，由沟谷中部向谷坡两侧延伸，原场地土层厚度逐步增大，填土厚度逐渐变小，沉降也随之逐步变小，基本顺应了原场地沟谷的走势发展。上述监测结果表明，工后沉降主要为填筑体自重压密产生的沉降变形。由图6-2-18可知，随观测历时的增加，相邻测点之间的差异沉降明显增大，在工后第8个月，相邻测点之间的最大差异沉降率（沉降差与间距之比）DM1剖面为1.8‰，DM2剖面为0.3‰。

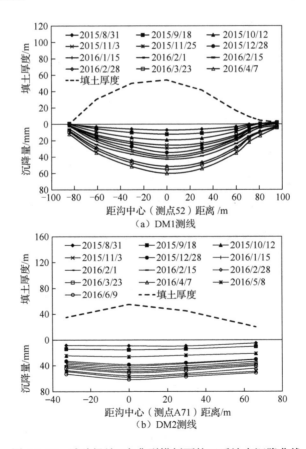

图 6-2-18　试验场地II中典型横剖面的工后地表沉降曲线

2）沟谷纵剖面的沉降变化规律

试验场地II中沟谷的纵剖面 SD1 测线（顺主沟方向监测点：T7～Y12 测线）、SD2 测线（顺支沟方向监测点：S45～59 测线）的工后地表沉降曲线如图 6-2-19 所示。由图可知，SD1、SD2 测线顺沟谷中部自沟脑向沟口延伸，填土厚度缓慢增大，不同测点之间差异沉降相对较小，但随观测历时的增加，各测点沉降量增幅不同，将使相邻测点之间的差异沉降有逐步增大趋势。

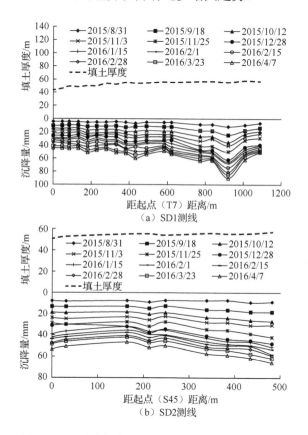

（a）SD1测线

（b）SD2测线

图 6-2-19　试验场地II中顺沟方向工后地表沉降曲线

6.2.3　沉降变形影响因素分析

1. 地形条件对沉降的影响

试验场地I中 DM1 剖面、试验场地II中 DM1 和 DM2 剖面在施工期结束时的沉降量等值线如图 6-2-20 所示。由图可知，试验场地I中 DM1 剖面、试验场地II中 DM2 剖面受"V"形沟谷地形影响明显，深部沉降量等值曲线沿着原始地形分布，但由深变浅后，沉降量等值曲线逐步由"V"形向"U"形转变，这与填土除了发生垂直变形外，还会发生指向沟谷中心的水平变形有关，这一现象已在离心模型试验中得以证实。试验场地Ⅱ中 DM1 剖面原场地的地形近似呈"U"形，沉降量等值曲线始终呈"U"形。试验场地Ⅰ中 DM1 剖面的原场地土层厚度小，沉降变形主要受填筑体控制，沉降中心始终处于沟谷中心处。试验场地Ⅱ中 DM2 剖面与试验场地Ⅰ中 DM1 剖面相比，前者较后者原场地土层厚度大，沉降变形受到原场地和填筑体沉降的双重控制。

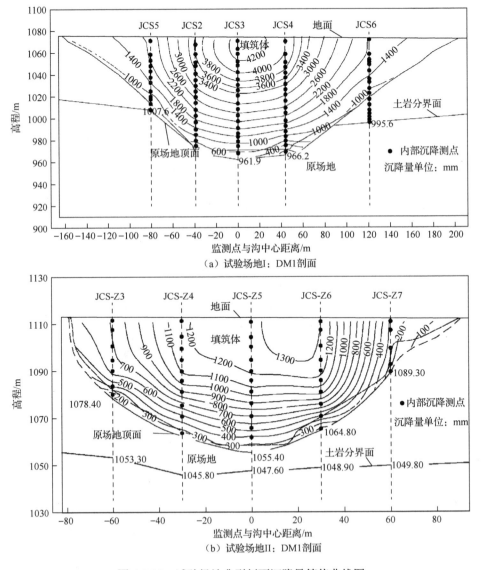

（a）试验场地Ⅰ：DM1剖面

（b）试验场地Ⅱ：DM1剖面

图 6-2-20　试验场地典型剖面沉降量等值曲线图

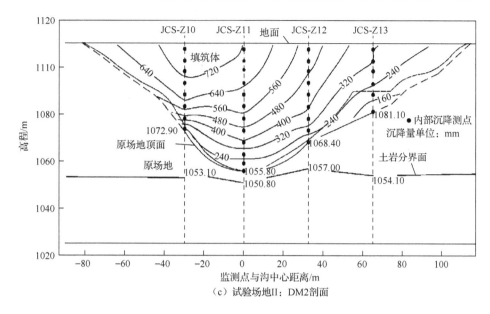

（c）试验场地Ⅱ：DM2剖面

图 6-2-20、（续）

试验场地Ⅱ中 DM1、DM2 剖面原场地沉降量占总沉降量比例随观测时间的变化情况如图 6-2-21 所示。由图 6-2-21 可知，监测点 JCS-Z10-F 原场地沉降量占总沉降量的比例随观测时间的增加先降低，后又逐渐增大并趋于某一稳定值（在施工结束前，填土厚度逐步增大；在施工结束后，填土厚度保持不变）。结合图 6-2-20 和图 6-2-21 可知，在上部填土沉降量与周围测点差别不大的情况下，监测点 JCS-Z11-F 的原场地沉降量大于周围测点，使监测点的沉降增加量高于周围测点，监测点 JCS-Z10-F 处较监测点 JCS-Z11-F 处原场地土层厚度大，在相同上覆填土荷载作用下，监测点 JCS-Z10-F 处原场地的沉降量更大，这是引起 DM2 剖面的沉降中心在初始阶段均位于沟谷中心处，但随着填土厚度增加，沉降中心逐步向斜坡一侧转移的原因之一。地形条件对沉降的影响还体现在差异沉降上，试验场地施工期典型剖面的差异沉降如表 6-2-3 所示。表 6-2-3 中，$\Delta S/L$ 为差异沉降率（%），ΔS 为相邻测点的沉降差（mm），L 为相邻测点的水平距离（mm），α 为原场地地形坡度。试验场地Ⅰ中 DM1 剖面沟谷较为陡峭，填土施工期 21 个月内，沟谷相邻监测点之间的坡度变化范围为 0.10~1.05，相邻测点的最大差异沉降率达到了 4.43%。试验场地Ⅱ中 DM1 剖面中相邻监测点之间的坡度变化范围为 0.23~0.82，施工期 12 个月内，最大差异沉降率达到了 3.39%；DM2 剖面相邻监测点之间的坡度变化范围为 0.38~0.57，最大差异沉降率达到了 0.59%。施工期的差异沉降并不会在工后显现，这是因为随着上部填土厚度的继续增加，下层土下凹的部分沉降变形会被填平并压实。

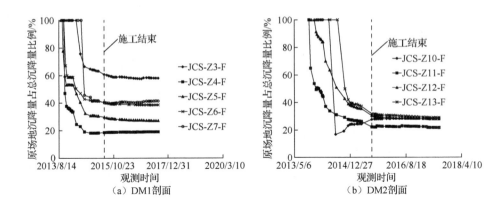

图 6-2-21　原场地沉降量占总沉降量比例与观测时间关系曲线

表 6-2-3　施工期试验场地典型剖面的差异沉降统计结果

试验段	试验场地I				试验场地II						
试验断面	DM1 剖面				DM1 剖面				DM2 剖面		
中心测点	JCS3-F				JCS-Z5-F				JCS-Z11-F		
区间/m	$-80.5\sim$ -39.0	$-39.0\sim$ 0.0	$0.0\sim$ 44.0	$44.0\sim$ 120.8	$-60.2\sim$ -30.3	$-30.3\sim$ 0.0	$0.0\sim$ 29.6	$29.6\sim$ 59.3	$-30.1\sim$ 0.0	$0.0\sim$ 32.7	$32.7\sim$ 65.3
α	1.05	0.21	0.10	0.69	0.54	0.23	0.31	0.82	0.57	0.38	0.39
$L/(10^3\text{mm})$	41.5	39.0	44.0	76.8	29.9	30.3	29.6	29.7	30.1	32.7	32.6
ΔS /mm	1837.9	111.5	173.8	2237.1	475.3	89.8	2.1	1005.7	58.0	180.8	193.3
$(\Delta S/L)$/%	4.43	0.29	0.40	2.91	1.59	0.30	0.01	3.39	0.19	0.55	0.59

2. 土层厚度对沉降变形的影响

本次选取试验场地I、试验场地II中 14 个监测点（见表 6-2-1、表 6-2-2）。施工期填筑体沉降量与填土厚度关系如图 6-2-22 所示。

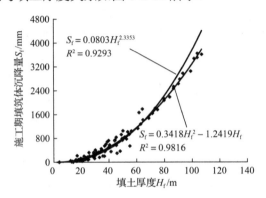

图 6-2-22　施工期填筑体沉降量与填土厚度关系

由图 6-2-22 可知，随着填土厚度增加，新增填土荷载作用下的填筑体沉降速率增大。当填筑速率基本不变的情况下，可利用前期实测数据来预估后续施工过程沉降量大小，指导高填方工程填筑施工及土方平衡设计和调配。若忽略原场地地形、原场地土层厚度和土性差异等对上部填筑体沉降量的影响，建立施工期填筑体沉降量 S_f 与填土厚度 H_f 的回归模型，如表 6-2-4 所示。幂函数和二次曲线均具有较高的拟合精度，当 $H_f \leq 70$ m 时，二者拟合效果差异不大；当 $H_f > 70$m 时，二次曲线的拟合精度明显高于幂函数。总体上二次函数的拟合精度较高，该经验公式可供类似地质条件和施工工艺的大面积土方平衡设计和土方调配时参考使用。

表 6-2-4　施工期填筑体沉降量与填土厚度的回归模型

序号	模型名称	模型表达式	模型参数		决定系数 R^2
			a	b	
1	幂函数	$S_f = aH_f^b$	0.0803	2.3353	0.9293
2	二次函数	$S_f = aH_f^2 + bH_f$	0.3418	−1.2419	0.9816

若将施工期过程中各监测时间所测的填筑体沉降量 S_f 与填土厚度 H_f 之比定义为沉降比，还可建立施工期填筑体沉降比（S_f/H_f）与填土厚度 H_f 之间的经验统计关系，如图 6-2-23 所示。统计结果显示，14 组内部沉降监测点施工期填筑体的沉降比（S_f/H_f）最大值约为 3.69%，最小值约为 0.16%。填筑体沉降比（S_f/H_f）与填土厚度 H_f 间近似呈正比例关系，比例系数约为 0.032。

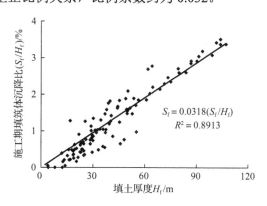

图 6-2-23　施工期填筑体沉降比与填土厚度关系

原场地的沉降变形与上覆填土的厚度有较大关系，为此，本次研究根据表 6-2-1、表 6-2-2 中试验场地 I 和试验场地 II 中各监测点填筑体与原场地的沉降比与厚度比关系（6-2-24），通过回归分析可知，填筑体与原场地在土方施工结束时的沉降比（S_f/S_q）与厚度比（H_f/H_q）近似呈线性正比例关系（决定系数 $R^2 = 0.9695$），比例系数为 0.5371。利用该关系式可对不同填土厚度下的原场地沉降变形进行估算，用于土方平衡设计。

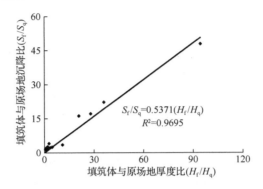

图 6-2-24　施工期填筑体与原场地的沉降比与厚度比关系

6.3　小　　结

本章基于试验场地的原位监测资料，分析了沉降变形的时空变化规律及演化趋势，总结了黄土高填方场地沉降变形的影响因素和形成机制，获得了如下主要认识。

（1）黄土高填方场地的总沉降曲线近似呈阶梯状变化，与土方填筑加载过程曲线相对应，填土连续施工时，填土厚度增大，沉降迅速增大，沉降曲线较陡，停荷恒载条件下，沉降曲线变缓并趋于收敛。

（2）工后期超静孔隙水压力值较小，但消散过程缓慢，饱和原场地土层在有效应力基本不变的情况下，产生的沉降很小，推断工后蠕变沉降很小，原场地饱和土沉降主要是上覆填土荷载作用下的瞬时沉降和固结沉降。

（3）"土拱效应"使沟谷两侧对沟谷中部的土压力起到一定的"减载作用"，将土压力转移到沟谷两侧，导致一些沟谷中心位置的分层沉降量的峰值点高度与填土厚度之比 d/H 为 0.2～0.3，而使一些沟谷两侧斜坡位置的最大分层沉降变形发生在填筑体底层。

（4）黄土高填方场地的工后沉降曲线形态有"J"形、"S"形两类，依托工程沉降曲线呈"J"形。依托工程试验场地冬歇停工期和工后期地表沉降曲线均表现出单一由快速沉降向缓慢沉降的渐变发展过程，表明非饱和黄土的瞬时沉降已经完成，此时主要发生排气条件下的压缩变形。

（5）若忽略原场地地形、原场地土层厚度和土性差异等对上部填筑体沉降量的影响，统计结果显示：填筑体施工期沉降量 S_f 与填筑体厚度 H_f 之间近似呈二次函数关系：$S_f=0.3418H_f^2-1.2419$；填筑体与原场地的沉降比（S_f/S_q）与厚度比（H_f/H_q）二者近似呈线性正比例关系：$S_f/S_q=0.5371 \cdot (H_f/H_q)$。上述统计结果可预估施工期原场地和填筑体沉降量，为类似场地进行土方平衡设计提供参考。

第7章　高填方场地工后沉降的预测方法研究

黄土高填方场地除在土方填筑施工阶段会发生沉降变形外，填筑完成后还会在高自重应力作用下继续产生工后沉降，而且该过程往往会持续很长时间。实际上，后续工程往往无法等到黄土高填方场地的沉降完全稳定时才开始修建，若高填方场地上的道路、管线、建筑物等修建时间过早，剩余沉降或差异沉降超过其所能承受的变形量时，将导致其结构损坏，严重时无法使用。因此，准确地预测高填方场地的工后沉降，对确定后续工程的建设时机和指导后续工程的规划布局等具有重要意义。然而，由于黄土高填方场地的沉降影响因素多且复杂，现有理论预测模型常存在大量简化假定，加之模型参数不易准确测定等原因，使理论预测值与实测值往往存在较大差异，在实际工程中往往难以完全依靠理论方法，而利用前期实测沉降资料建模，再对未来一段时间的沉降量或最终沉降量进行预测的方法，因实用性强、模型表达式简洁、参数求解简便等特点，在工程中被广泛应用。本章基于实测数据建模预测的思路，研究适用的黄土高填方场地工后沉降预测系列方法。

7.1　黄土高填方场地工后沉降特征

本次研究根据两处典型黄土高填方工程的工后沉降数据，对黄土高填方场地的工后沉降特征进行分析，这里仅简要介绍两处工程的基本情况。工程I、工程II均位于陕北黄土丘陵沟壑区某市，分别为开发城市建设用地和机场建设用地而实施的黄土高填方工程。两处工程的地质条件类似，梁峁区主要地层为第四系上更新统马兰黄土及中更新统离石黄土、新近系红黏土和侏罗系砂泥岩；冲沟区主要地层除了与梁峁区厚度有所不同的所有地层之外，还分布有第四系全新统地层，地质成因主要是冲洪积、淤积、崩积和滑坡堆积层。两处工程的填方区均在沟底设置了地下盲沟排水系统，沟谷原场地均采取强夯法处理，填筑体均采用分层碾压法（冲击碾压、振动碾压）处理，其中工程I、工程II的填土控制压实系数分别不小于0.93和0.95，且均采用重型击实试验控制标准。

工程I、工程II的工后沉降数据均为非等时距，前期观测周期短，后期观测周期长。两处黄土高填方工程在工后期获得了大量沉降量观测数据，从中归纳出的典型工后沉降量曲线如图 7-1-1 所示。图 7-1-1（a）、图 7-1-1（b）分别代表工程I、工程II中典型监测点的工后沉降变形情况。图 7-1-1（a）中监测点 J1、J2 处的填土厚度分别为 103.8m、64.2m，图 7-1-1（b）中监测点 S1、S2 处的填土厚度分别为 32.4m、27.3m，剔除了观测历时为 469d、510d（当年 11 月至次年 3 月间冰冻期）受冻融影响的异常沉降数据。

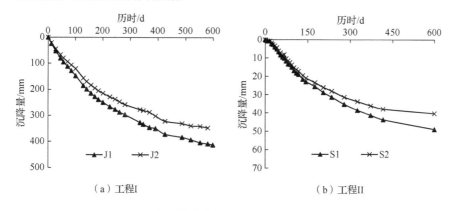

（a）工程I　　　　　　　　　　（b）工程II

图 7-1-1　典型黄土高填方场地的工后沉降量曲线

　　由图 7-1-1 可知，黄土高填方场地的工后沉降曲线主要呈"J"形和"S"形两种形态，由于各监测点的填土厚度相差较大，使压缩土层厚度及自重荷载相差大，不同监测点的沉降量也差异较大。工后期阶段，填土施工刚完成，自重荷载不再增加，土方施工加载引起的瞬时沉降已经完成，绝大多数监测点的工后沉降曲线如图 7-1-1（a）所示，曲线形态呈现由快速增长向平缓增长变化，沉降曲线总体呈缓变型，近似呈"J"形曲线形态。根据填方工程沉降曲线的发展特点，最终将逐渐趋于某一定值。部分工后沉降曲线如图 7-1-1（b）所示，表现为初始阶段短时相对平缓地增长（初始沉降阶段），尔后进入快速增长阶段（加速沉降阶段），达到一定程度后又趋于平缓（趋稳沉降阶段），最终也将趋于某一定值（极限沉降阶段），近似呈"S"形曲线形态。由于填土分层填筑荷载相对较小，加之施工结束后才能埋设沉降观测标点，无法立即进行沉降观测，即存在一定的时间滞后性等原因，导致代表"S"形沉降曲线发生的"初始沉降阶段"在全过程沉降曲线所占时间很短，没有文献[95]中的沉降曲线那么明显。

7.2　模型预测效果评价的建议模式

　　以往一些工程技术人员在进行沉降预测时，由于建模数据样本选择缺陷以及预测效果定量化评价指标和方法不足，常将已知的所有实测数据用于识别和估计模型参数，仅考虑内拟合效果，而忽视外推预测效果，实际应用时出现了内拟合效果好，但外推预测效果差的情况，容易造成对模型实际预测能力的误导性判断。评价一个模型的预测效果，不但要看模型对已有实测数据的吻合程度，更要看模型的外推预测性能。若建模数据和检验数据均采用同一组数据，则仅能评价模型的内拟合效果，无法评估模型的外推预测效果。因此，应将已有实测沉降数据（n 期）分为前后两部分，前一部分数据（m 期，$m<n$）用来建模，后一部分数据（$n-m$ 期）用来检验模型的外推预测效果。根据前一部分数据获得模型的内拟合误差，后一部分数据获得模型的外推预测误差，其中前者为内误差，后者为外误差。

7.2.1　模型的内拟合效果评价指标

模型内拟合效果的评价采用决定系数（R^2）、误差平方和（sum of the squares of errors，SSE）、均方根误差（root mean square error，RMSE）三个指标，计算公式如下：

$$R^2 = 1 - \sum_{i=1}^{m}(s_{t_i} - s_{t_i}^*)^2 \bigg/ \sum_{i=1}^{m}\left(s_{t_i} - \frac{1}{m}\sum_{i=1}^{m}s_{t_i}^*\right)^2 \tag{7-2-1}$$

$$\text{SSE} = \sum_{i=1}^{m}(s_{t_i} - s_{t_i}^*)^2 \tag{7-2-2}$$

$$\text{RMSE} = \sqrt{\frac{1}{m}\sum_{i=1}^{m}(s_{t_i} - s_{t_i}^*)^2} \tag{7-2-3}$$

式中：s_{t_i} 为第 i 期的实测值（$i=1$，2，$\cdots$，m）；$s_{t_i}^*$ 为第 i 期的内拟合值（$i=1$，2，$\cdots$，m）。

上述评价指标中，R^2 能反映曲线拟合效果的好坏，其值越接近于 1，则实测数据通过模型的解释性就越强；SSE、RMSE 值能反映拟合值偏离实测值的程度，数值越接近于 0，表示拟合效果越好。根据式（7-2-1）～式（7-2-3）所列指标评价各模型对建模数据的解释程度，从中遴选出拟合值偏离实测值小、拟合优度高的模型。

7.2.2　模型的外推预测效果评价指标

模型外推预测效果的评价采用绝对误差（Δe）、相对误差（δ）、平均绝对百分比误差（mean absolute percentage error，MAPE）、平均绝对误差（mean absolute deviation，MAD）、均平方误差（mean squared error，MSE）、平均预测误差（mean forecast error，MFE）等 6 个指标，计算公式如下：

$$\Delta e = s_{t_i} - \hat{s}_{t_i} \tag{7-2-4}$$

$$\delta = \frac{\Delta e}{s_{t_i}} = \frac{s_{t_i} - \hat{s}_{t_i}}{s_{t_i}} \times 100\% \qquad (7\text{-}2\text{-}5)$$

$$\text{MAPE} = \frac{1}{n-m} \sum_{i=m+1}^{n} \frac{\left| s_{t_i} - \hat{s}_{t_i} \right|}{s_{t_i}} \times 100\% \qquad (7\text{-}2\text{-}6)$$

$$\text{MAD} = \frac{1}{n-m} \sum_{i=m+1}^{n} \left| s_{t_i} - \hat{s}_{t_i} \right| \qquad (7\text{-}2\text{-}7)$$

$$\text{MSE} = \frac{1}{n-m} \sum_{i=m+1}^{n} \left(s_{t_i} - \hat{s}_{t_i} \right)^2 \qquad (7\text{-}2\text{-}8)$$

$$\text{MFE} = \frac{1}{n-m} \sum_{i=m+1}^{n} \left(s_{t_i} - \hat{s}_{t_i} \right) \qquad (7\text{-}2\text{-}9)$$

式中：s_{t_i} 为第 i 期的实测值（$i = m+1, m+2, \cdots, n$）；$\hat{s}_{t_i}$ 为第 i 期的外推预测值（$i = m+1$，$m+2, \cdots, n$）。

Δe、δ 能反映某一期预测值偏离实测值的程度；MAPE 为相对指标，能较好地反映总体预测精度，其值越小越好，极限为 0，一般当 MAPE＜10%时，认为是较好的预测模型[96]；MAD、MSE 为绝对指标，能较好地反映模型的总体预测精度，但无法衡量无偏性；MFE 能较好地衡量预测模型的无偏性，但无法反映预测值偏离实测值的程度，其值越接近于 0，则模型越是无偏，预测效果也越好。考虑到上述评价指标各有侧重，故将上述指标结合起来作为模型外推预测效果的综合评价指标。

7.2.3　模型预测效果的内外误差关系评价指标

传统的回归参数模型属于参数定常的静态预测模型，实际应用时常会出现内拟合误差较小，但外推预测误差较大的情况。因此，在评价模型预测效果时，既要考虑内拟合误差，也要考虑外推预测误差，后者比前者更能反映模型在外推时的预测效果。

本书采用式（7-2-10）建立外推预测误差指标 M_i 与内拟合误差指标 M_i^* 之间的联系，这里称之为模型的"后验误差比 C_i"，该值反映了模型外推预测误差相对于内拟合误差的变化情况。

$$C_i = M_i / M_i^* \qquad (7\text{-}2\text{-}10)$$

式（7-2-10）中，M_i、M_i^* 为同一种误差评价指标，考虑到计算内拟合误差和外推预测误差所用实测数据量可能不同，M_i、M_i^* 值不宜采用绝对指标，而应采用相对指标，故采用 MAPE 值。当采用式（7-2-6）计算内拟合误差的 MAPE 值时，将预测值 $\hat{s}_{t_i}$ 采用内拟合值 $s_{t_i}^*$ 替换。当建模数据和检验数据一定时，在某一外推预测时段内，若 $C_i > 1$ 则表明外推预测误差相对内拟合误差在增大；若 $C_i < 1$ 则表明外推预测误差相对于内拟合误差在减小。

7.3　工后沉降传统回归参数模型

国内外现关于沉降预测的经验模型有数十种，如何定量地评价模型的预测效果，从众多模型中筛选出比较可靠的模型，从而获得更加准确的预测结果，就显得尤为重要。为此，本书基于陕北某黄土高填方场地的工后沉降实测数据，在分析工后沉降曲线特征的基础上，建立了 17 种常用的回归参数模型，并给出了模型预测效果评价的建议模式，从中遴选出适合黄土高填方场地工后沉降预测的数学模型，相关成果可为类似工程的工后沉降预测提供借鉴与参考。

7.3.1　回归参数模型表达式

回归参数模型是根据沉降曲线特征，选择与其相适应的数学模型，再对未来某时刻的沉降（包括最终沉降）进行预测。本书从众多的回归参数模型中，梳理出了 17 种常用模型，函数表达式如表 7-3-1 所示，其中：t 为时间（d）；s_t 为 t 时刻的沉降量（mm）；s'_t 为沉降速率（mm/d）；t_0 为初始时间（d）；s_0 为初始沉降量（mm）；a、b、c、d 为模型参数；e 为自然常数。现有文献中对表 7-3-1 中所列模型性质和参数的求解方法介绍较多，此处不再赘述。

本次根据模型所代表的曲线形态特点，将表 7-3-1 中所列模型分为以下两类：第I类模型为"S"形曲线模型，主要包括 Logistic 模型[97]、Gompertz 模型[98-99]、Usher 模型[100]、Weibull 模型[101]、Morgan-Mercer-Flodin 模型（简称 MMF 模型，包括I型和II型）[102-103]、Richards 模型[104-105]、Knothe 模型（包括I型和II型）[106-107]、Bertalanffy 模型[108-109]、邓英尔模型[110]等；第II类模型为"J"形曲线模型，主要包括 Spillman 模型[111]、指数曲线模型[112]、双曲线模型[113]、幂函数模型[45]、平方根函数模型[45]、对数函数模型[45]、对数抛物线模型[114]、星野法[115]等。表 7-3-1 所列模型从收敛性角度可分为收敛模型和发散模型两种，均可预测某一时间的沉降量，其中收敛模型可直接预测最终沉降量，发散模型以达到某一较小沉降速率时（如参考现行《建筑变形测量规范》（JGJ 8—2016）[81]，取沉降速率小于 $0.01 \sim 0.04$ mm/d 作为稳定标准）的沉降量作为最终沉降量。

表 7-3-1　沉降预测中常用的回归参数模型

类型	模型名称	数学表达式	沉降速率	备注
第I类模型	Logistic	$s_t = a/(1+be^{-ct})$	$s_t' = abce^{-ct}/(1+be^{-ct})^2$	收敛模型
	Gompertz	$s_t = ae^{-e^{b-ct}}$	$s_t' = ace^{-e^{b-ct}}e^{b-ct}$	收敛模型
	Usher	$s_t = a/(1+be^{-ct})^d$	$s_t' = abcde^{-ct}(1+be^{-ct})^{-1-d}$	收敛模型
	Weibull	$s_t = a(1-be^{-ct^d})$	$s_t' = abcde^{-ct^d}t^{-1+d}$	收敛模型
	MMF-I	$s_t = (ab+ct^d)/(b+t^d)$	$s_t' = cdt^{d-1}/(b+t^d) - dt^{d-1}$ $\cdot (ab+ct^d)/(b+t^d)^2$	收敛模型
	MMF-II	$s_t = at^b/(c+t^b)$	$s_t' = abt^{b-1}/(c+t^b)$ $- abt^{2b-1}/(c+t^b)^2$	收敛模型
	Richards	$s_t = a(1-be^{-ct})^{1/(1-d)}$	$s_t' = abce^{-ct}(1-be^{-ct})^{d/(1-d)}/(1-d)$	收敛模型
	Knothe-I	$s_t = a(1-e^{-bt^c})^d$	$s_t' = abcdt^{c-1}e^{-bt^c} \cdot (1-e^{-bt^c})^{d-1}$	收敛模型
	Knothe-II	$s_t = a(1-e^{-bt})^c$	$s_t' = abce^{-bt}(1-e^{-bt})^{c-1}$	收敛模型
	Bertalanffy	$s_t = [a^{1/3}-(a-b)^{1/3}\cdot e^{-ct}]^3$	$s_t' = 3(a-b)^{1/3}ce^{-ct}$ $\cdot [a^{1/3}-(a-b)^{1/3}\cdot e^{-ct}]^2$	收敛模型
	邓英尔	$s_t = a/(1+be^{-ct^d})$	$s_t' = abcde^{-ct^d}t^{d-1}/(1+be^{-ct^d})^2$	收敛模型
第II类模型	Spillman	$s_t = a-(a-b)e^{-ct}$	$s_t' = (a-b)ce^{-ct}$	收敛模型
	指数曲线	$s_t = a(1-e^{-bt})$	$s_t' = abe^{-bt}$	收敛模型
	双曲线	$s_t = t/(a+bt)$	$s_t' = a/(a+bt)^2$	收敛模型
	幂函数	$s_t = at^b$	$s_t' = abt^{b-1}$	发散模型
	平方根函数	$s_t = a+b\sqrt{t}$	$s_t' = b/2\sqrt{t}$	发散模型
	对数函数	$s_t = a\ln t + b$	$s_t' = a/t$	发散模型
	对数抛物线	$s_t = a(\lg t)^2 + b\lg t + c$	$s_t' = \lg e \cdot (b+2a\lg t)\cdot t^{-1}$	发散模型
	星野法	$s_t - s_0 + \dfrac{ab\sqrt{t-t_0}}{\sqrt{1+b^2(t-t_0)}}$	$s_t' = \dfrac{ab}{2\sqrt{[1+b^2(t-t_0)](t-t_0)}}$ $- \dfrac{ab^3\sqrt{t-t_0}}{2[1+b^2(t-t_0)]^{3/2}}$	收敛模型

7.3.2　工程实例分析与效果检验

1．回归参数模型预测效果的对比分析

本次以试验场地内的监测点 S6 为例，对各模型的预测效果进行对比分析。该监测点处的填土厚度约 52m，观测历时 395d，共有 17 期实测数据。采用表 7-3-1 中所列的回归参数模型，利用前 10 期（0～186d）实测数据求解模型参数，后 7 期（214～395d）实测数据检验模型的外推预测效果，外推预测数据时长与总数据时长之比为 0.54。各模型的内拟合及外推预测曲线如图 7-3-1 所示，对应内拟合及外推预测误差曲线如图 7-3-2 所示。各模型对监测点 S6 实测数据的内拟合及外

推预测结果如表 7-3-2 所示。

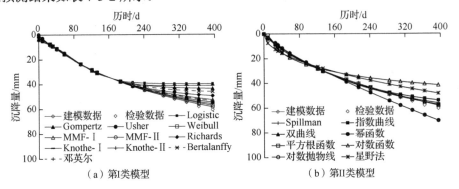

图 7-3-1　各模型对实测沉降数据的内拟合及外推预测曲线

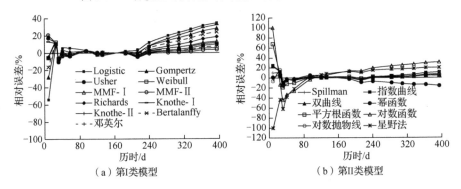

图 7-3-2　各模型对实测沉降数据的内拟合及外推预测误差曲线

表 7-3-2　各模型对典型监测点 S6 实测数据的内拟合及外推预测结果

类型	模型名称	模型参数				内拟合效果				外推预测效果				后验误差比 C_i
		a	b	c	d	MAPE/%	SSE	RMSE	R^2	MAPE/%	MAD	MSE	MFE	
第 I 类 模 型	Logistic	39.7540	7.6080	0.0252		9.88	8.06	0.95	0.9928	21.66	11.77	179.32	11.77	2.19
	Gompertz	43.7854	0.9395	0.0150		6.10	3.09	0.59	0.9973	16.39	8.99	111.11	8.99	2.69
	Usher	64.0873	-0.9931	0.0049	-1.0149	5.16	2.72	0.52	0.9981	5.03	2.74	10.97	2.31	0.98
	Weibull	3.3377	-52.2248	14.7577	-0.4232	3.58	2.04	0.45	0.9986	3.09	1.65	3.87	1.21	0.86
	MMF-I	2.4888	869.7498	68.8715	1.3199	3.26	1.71	0.44	0.9985	7.18	3.93	21.54	3.62	2.20
	MMF-II	113.9160	0.9777	329.4676		5.84	3.04	0.55	0.9979	2.05	1.05	1.77	0.41	0.35
	Richards	51.8874	0.8687	0.0085	0.3724	3.18	1.66	0.43	0.9985	9.98	5.49	42.78	5.25	3.13
	Knothe-I	41.0949	0.0000	4.0687	0.2098	4.49	2.17	0.49	0.9981	18.75	10.31	147.80	10.31	4.18
	Knothe-II	68.6817	240.2071	0.9562		5.65	2.87	0.56	0.9975	3.79	2.05	6.41	1.58	0.67
	Bertalanffy	46.8972	36.1948	0.0116		4.45	2.03	0.47	0.9982	13.42	7.39	76.86	7.32	3.02
	邓英尔	3.2623	-0.9558	28.7664	-1.2368	3.24	1.81	0.42	0.9987	6.32	3.45	16.62	3.11	1.95

类型	模型名称	模型参数				内拟合效果				外推预测效果				后验误差比 C_i
		a	b	c	d	MAPE /%	SSE	RMSE	R^2	MAPE /%	MAD	MSE	MFE	
第 II 类 模 型	Spillman	68.5727	0.7074	0.0043		4.50	2.47	0.52	0.9978	3.59	1.93	5.67	1.38	0.80
	指数曲线	62.6226	0.0050			5.95	3.01	0.58	0.9973	5.71	3.12	13.95	2.74	0.96
	双曲线	3.1221	0.0095			6.00	3.06	0.55	0.9979	2.75	1.46	3.16	0.93	0.46
	幂函数	0.6425	0.7852			4.34	5.38	0.73	0.9963	11.67	6.15	42.57	-6.15	2.69
	平方根函数	-8.9505	3.3748			13.18	14.00	1.25	0.9876	2.90	1.54	2.78	1.36	0.22
	对数函数	11.6931	-28.2990			26.75	113.31	3.55	0.8993	24.20	12.77	182.58	12.77	0.90
	对数抛物线	21.4982	-43.5385	25.8604		4.12	2.83	0.56	0.9975	2.75	1.46	2.83	1.07	0.67
	星野法	1367.0000	0.0018			32.50	114.39	3.38	0.9205	16.81	8.80	84.05	8.80	0.52

由图 7-3-1、图 7-3-2 可知，两类模型的外推预测误差均随着预测时长的增加而增大，第I类模型的预测值较实测值总体偏小，第II类模型中除幂函数模型的预测值较实测值总体偏大外，其余模型的预测值较实测值总体偏小。第I类模型为"S"形曲线模型，该类模型具有初期增长缓慢、前期增长较快、中期增长放缓、后期趋于平稳的特征，实测沉降曲线与该类模型的中期、后期曲线形态相似，与其初期、前期不同，这导致模型在初期、前期的拟合值与实测值相差较大，但随观测时长的增加，拟合曲线与实测曲线逐渐吻合，内拟合误差总体呈逐步降低趋势。第II类模型为"J"形曲线模型，该类模型的曲线增长逐步放缓，内拟合误差总体呈先减小后增大的趋势。由表 7-3-2 可知，MAPE、MAD、MSE 对模型外推预测效果的评价结果具有较好的一致性。对外推预测结果中 MAPE 值小于 10% 的模型，按照预测误差由小到大排序如下：第I类模型，MMF-II、Knothe-II、Weibull、Usher、邓英尔、MMF-I、Richards；第II类模型，平方根函数、双曲线、对数抛物线、Spillman、指数曲线。由排序可知，MMF-II模型和双曲线模型分别代表了两类模型中总体预测效果最好的模型，其中 MMF-II 模型对各单期沉降的预测误差范围：Δe 为-1.7～3.1mm，δ 为-4.3%～5.2%；双曲线模型对各单期沉降的预测误差范围为：Δe 为-1.9～2.2mm，δ 为-4.7%～3.7%。由表 7-3-2 可知，SSE、RMSE、R^2 对模型内拟合效果的评价也具有较好的一致性。虽然绝大多数模型的 R^2 值均超过 0.99，具有较高的拟合优度，但这些模型的外推预测误差相差较大，这一现象说明内拟合误差指标不能代替外推预测误差指标作为模型选择和评价的唯一标准。综上可知，MMF-II模型和双曲线模型的平均绝对百分比误差 MAPE<3%、平均预测误差

MFE<1、决定系数 R^2>0.99、后验误差比 C_i<1，能较准确地反映黄土高填方场地工后沉降的变化规律和发展趋势。

2. 优选模型对不同沉降数据的适应性检验

试验场地中监测点 S1～S17 的工后沉降观测时间相同，其中 S1 主要为回弹变形，不符合前述优选模型所代表的曲线形态特征。为了检验优选模型对不同沉降数据的适应性，本次对除 S1 外其他监测点 S2～S17 统一采用前 10 期（0～186d）实测数据建模，后 7 期（214～395d）实测数据检验模型的外推预测效果。优选模型对监测点 S2～S17 的内拟合和外推预测结果如表 7-3-3 所示。由表 7-3-3 可知，除监测点 S8 因检验数据与建模数据变化不平稳，沉降曲线发展趋势发生明显变化，导致双曲线模型的外推预测误差较大外，其余监测点外推预测的 MAPE 值均小于 10%，MFE 值为-0.98～3.26，内拟合数据的决定系数 R^2>0.98，多数监测点采用 MMF-II 模型和双曲线模型的后验误差比均小于 1，表明 MMF-II 模型、双曲线模型对不同监测点的沉降数据均有较好的外推预测精度和内拟合优度。

表 7-3-3 优选模型对不同监测点沉降数据的内拟合和外推预测结果

监测点	模型名称	模型参数			内拟合效果 R^2	外推预测效果		后验误差比 C_i
		a	b	c		MAPE/%	MFE	
S2	双曲线	15.8265	0.0747		0.9805	8.33	−0.60	0.58
	MMF-II	7.4942	1.5515	829.1400	0.9880	7.42	0.56	0.55
S3	双曲线	4.9610	0.0145		0.9969	3.28	1.31	0.73
	MMF-II	64.7724	1.0199	344.1345	0.9969	4.11	1.60	0.88
S4	双曲线	3.4475	0.0099		0.9973	0.78	0.56	0.12
	MMF-II	90.2525	1.0341	350.0908	0.9974	2.21	1.28	0.32
S5	双曲线	3.7677	0.0095		0.9990	2.34	1.29	0.64
	MMF-II	86.2061	1.0584	397.9812	0.9991	4.82	2.51	1.14
S6	双曲线	3.1247	0.0095		0.9978	1.42	0.92	0.24
	MMF-II	112.9076	0.9804	329.8660	0.9979	0.57	0.46	0.10
S7	双曲线	4.4275	0.0108		0.9944	2.15	−0.75	0.22
	MMF-II	71.2408	1.0794	416.6811	0.9946	1.30	0.64	0.13
S8	双曲线	9.8039	0.1899		0.9419	31.96	2.24	3.26
	MMF-II	−1.0396	0.1205	−2.3030	0.9814	0.55	−0.05	0.11
S9	双曲线	7.9448	0.0288		0.9816	8.11	1.79	0.54
	MMF-II	35.3201	0.9936	274.5082	0.9999	7.88	1.74	0.53
S10	双曲线	5.5294	0.0167		0.9908	4.16	1.37	0.40
	MMF-II	166.3711	0.8423	540.3470	0.9917	3.30	−0.98	0.36

续表

监测点	模型名称	模型参数			内拟合效果 R^2	外推预测效果		后验误差比 C_i
		a	b	c		MAPE/%	MFE	
S11	双曲线	4.0073	0.0100		0.9981	3.51	1.75	0.69
	MMF-II	143.1599	0.9305	451.8395	0.9982	0.26	0.22	0.06
S12	双曲线	3.0885	0.0101		0.9981	5.40	3.11	1.01
	MMF-II	139.2267	0.9179	325.7170	0.9984	1.82	1.14	0.40
S13	双曲线	3.6537	0.0104		0.9989	2.59	1.37	0.68
	MMF-II	145.9022	0.9138	397.9244	0.9992	1.51	-0.60	0.72
S14	双曲线	4.4223	0.0123		0.9986	3.52	1.52	0.73
	MMF-II	74.2716	1.0255	358.6842	0.9986	4.61	1.96	0.94
S15	双曲线	3.8173	0.0093		0.9982	1.93	1.12	0.38
	MMF-II	77.3464	1.1049	426.3157	0.9986	6.28	3.26	1.20
S16	双曲线	3.3989	0.0084		0.9967	1.54	1.02	0.22
	MMF-II	160.0072	0.9428	447.0479	0.9968	1.24	-0.51	0.20
S17	双曲线	3.2720	0.0110		0.9968	5.66	3.08	0.78
	MMF-II	100.1378	0.9706	296.3921	0.9968	4.46	2.46	0.63

3. 建模数据的时间跨度对预测结果的影响

本实例中各监测点的工后沉降量为非等时间间隔数据，由于工后沉降曲线的变化与时间关系密切，仅以建模数据量的多少难以反映数据样本的选择不同对预测结果的影响。设建模数据时长与总数据时长之比为 η_{t_i}（$i=1,2,\dots,n$），本次分别取 0.24、0.34、0.47、0.54、1.00，对应的建模数据时长 t_i 为 95d、133d、186d、284d、395d。MMF-II 模型、双曲线模型的建模数据在不同时间跨度时预测结果如图 7-3-3 所示。由图 7-3-3（a）可知，当 η_{t_i} 为 0.24、0.34 时，MMF-II 模型的预测值较实测值偏大，当 η_{t_i} 增大至 0.47、0.54 后，预测值较实测值总体偏小。当 η_{t_i} 由 0.24 增大至 0.34、0.47 时，预测精度有明显提升；但是当 η_{t_i} 由 0.47 增大至 0.54 时，预测精度变化不显著。由图 7-3-3（b）可知，双曲线模型的 η_{t_i} 为 0.24 时，预测值较实测值总体偏大；当 η_{t_i} 增大至 0.34、0.47、0.54 后，预测值较实测值总体偏小。当 η_{t_i} 由 0.34 增大至 0.47 和 0.54 时，预测精度提升不明显，表明该模型的适应性和稳定性好，能够较好地反映沉降曲线变化规律和发展趋势。当 η_{t_i} 为 1.00 时，此时为实测值的拟合曲线，此时可用于向外预测。总体而言，建模数据的时间跨度越大，模型从数据中提取的趋势信息越多，预测精度越高，但预测值趋向于偏小，数据的时间跨度增加到一定程度后，对预测效果的提升不再显著。

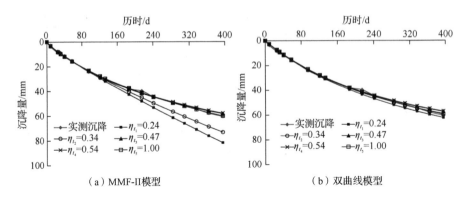

（a）MMF-II模型　　　　　　　　　（b）双曲线模型

图 7-3-3　优选模型在建模数据不同时间跨度时的拟合及预测曲线

7.4　工后沉降预测新模型

目前实际工程中常采用基于前期实测数据外推预测的经验方法，如双曲线模型法[113]、指数函数模型法[116]、幂函数模型法[45]、星野法[115]、Weibull 模型法[117]、Logistic 模型法[97]、Gompertz 模型法[98]、邓英尔模型法[110]、灰色理论法[118]、神经网络法[119]、数值反演分析法[15]等，其中回归参数模型法因计算简便、实用性强等特点，被工程技术人员广泛采用。上述预测方法均有其适用范围及适用条件，笔者在工程中实际应用时发现，一些预测模型存在收敛过早或发散严重等问题，并不适用于黄土高填方场地的工后沉降预测。为此，笔者根据典型黄土高填方场地的工后沉降数据特点、曲线特征和发展演化规律，提出了收敛型和发散型两种用于工后沉降预测的新回归参数模型（简称新模型），介绍了新模型的基本性质与参数求解方法，并结合实测沉降数据检验了模型的预测精度和适应性。新模型可为黄土高填方场地的工后沉降预测提供参考。

7.4.1　新模型的函数表达式与基本性质

本次针对黄土高填方场地的工后沉降数据特点、曲线特征和发展演化规律，提出了发散型和收敛型两种用于预测工后沉降的新模型，现将两种新模型的函数表达式与基本性质简要介绍如下。

1. 新模型I的函数表达式与基本性质

新模型I的函数表达式为

$$s_t = \frac{at^b}{c + \mathrm{e}^{-t^d}}$$

$$(7\text{-}4\text{-}1)$$

式中：s_t 为沉降量（mm）；t 为时间（d）；e 为自然常数；a、b、c、d 为待求模型参数，均大于 0。

该新模型具有以下基本性质。

（1）过原点：当 t =0 时，s_0 =0，模型不包含初始加载时的瞬时沉降。

（2）无界性：当 $t \to \infty$ 时，$s_t \to +\infty$，模型无法直接获得最终沉降量，仅能以达到某一较小沉降速率时的沉降量作为最终沉降量。

（3）单调性：对 s_t 求一阶导数，可得沉降速率 s_t' 的函数表达式（7-4-2），由 $s_t' > 0$ 可知，模型单调递增。

$$s_t' = \frac{\mathrm{d}s_t}{\mathrm{d}t} = \frac{abt^{b-1}}{c+\mathrm{e}^{-t^d}} + \frac{ad\mathrm{e}^{-t^d}t^{b+d-1}}{(c+\mathrm{e}^{-t^d})^2} > 0 \qquad （7\text{-}4\text{-}2）$$

（4）适应性：对上式求二阶导数，可得其函数表达式为

$$s_t'' = \frac{\mathrm{d}^2 s_t}{\mathrm{d}t^2} = \frac{a(b-1)bt^{b-2}}{c+\mathrm{e}^{-t^d}} + \frac{abd\mathrm{e}^{-t^d}t^{b+d-2}}{(c+\mathrm{e}^{-t^d})^2}$$

$$+ \frac{ad(b+d-1)\mathrm{e}^{-t^d}t^{b+d-2}}{(c+\mathrm{e}^{-t^d})^2} + \frac{2ad^2\mathrm{e}^{-2t^d}t^{b+2d-2}}{(c+\mathrm{e}^{-t^d})^3}$$

$$- \frac{ad^2\mathrm{e}^{-t^d}t^{b+2d-2}}{(c+\mathrm{e}^{-t^d})^2} \qquad （7\text{-}4\text{-}3）$$

由式（7-4-3）可知，s_t'' 中参数取值不同时，其正负不同。本次绘制了参数 a 为 0.5、1.0、1.5、2.0、2.5，b 为 0.5，c 为 0.1，d 为 0.5（类型 A，对应 "J" 形曲线），以及参数 a 为 0.02、0.05、0.10、0.15、0.20，b 为 0.000001，c 为 0.0005，d 为 0.4（类型 B，对应 "S" 形曲线）的模型沉降曲线。模型参数变化时的曲线形态如图 7-4-1 所示。

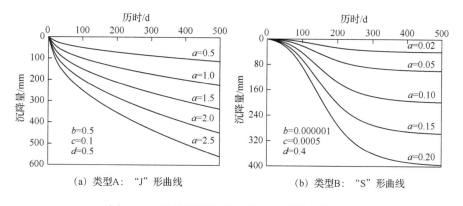

（a）类型A："J" 形曲线　　　　　　　（b）类型B："S" 形曲线

图 7-4-1　新模型I的参数变化对曲线形态的影响

由图 7-4-1 可知，通过调整模型参数，本模型能够在较大范围内描述几何上

为"J"形和"S"形的沉降曲线。当讨论其他参数变化时的曲线形态时，可采取类似方法进行计算和分析。选取图 7-4-1（a）中"J"形曲线模型参数为 $a=2.0$，$b=0.5$，$c=0.1$，$d=0.5$ 以及图 7-4-1（b）中"S"形曲线模型参数为 $a=0.2$，$b=0.000001$，$c=0.0005$，$d=0.4$ 的沉降曲线，根据式（7-4-2）中的函数一阶导数、式（7-4-3）中的函数二阶导数的函数表达式，绘制沉降速率和沉降加速度的全程变化曲线，如图 7-4-2 所示。

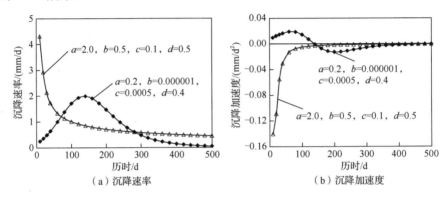

（a）沉降速率　　　　　　　　（b）沉降加速度

图 7-4-2　新模型Ⅰ的沉降速率和沉降加速度全程变化曲线

由图 7-4-2 可以看到，类型 A 的沉降速率和沉降加速度均持续降低，类型 B 的沉降速率存在一个峰值点，沉降加速度存在正负两个峰值点。对于类型 B，若令 $s_t''=0$，则可确定本模型预测曲线拐点（沉降速率最大值点）所对应的时间，同时，若令 $s_t'''=0$，可确定出沉降加速度函数的两个峰值点所对应的时间。综合上述分析可知，通过调整模型参数 a、b、c、d 值，可模拟相当大变化范围内的沉降曲线，能够描述几何形态上为"J"形和"S"形的沉降曲线，表明新模型Ⅰ具有较强的适应性。

2. 新模型Ⅱ的函数表达式与基本性质

鉴于新模型Ⅰ属发散型模型，无法直接获得最终沉降量，本章又提出一种收敛型新模型Ⅱ，其函数表达式为

$$s_t = \frac{at^b}{c + dt^b} \tag{7-4-4}$$

式中：s_t 为沉降量（mm）；t 为时间（d）；a、b、c、d 为待求模型参数，均大于 0。

该新模型具有以下基本性质。

（1）过原点：当 $t=0$ 时，$s_0=0$，可见该模型通过原点，不包含初始加载时的瞬时沉降。

（2）有界性：当 $t \to \infty$ 时，$s_t \to a/d$，表明该模型属于收敛模型，a/d 为模型的最终沉降量。

（3）单调性：对 s_t 求一阶导数如式（7-4-5）所示，沉降速率 $s_t' > 0$，表明该模型单调递增。

$$s_t' = \frac{\mathrm{d}s_t}{\mathrm{d}t} = \frac{abct^{b-1}}{(c+dt^b)^2} \qquad (7\text{-}4\text{-}5)$$

（4）适应性：对上式求二阶导数，可得沉降加速度 s_t'' 的函数表达式为

$$s_t'' = \frac{\mathrm{d}^2 s_t}{\mathrm{d}t^2} = -\frac{abct^{b-2}[c-bc+(1+b)dt^b]}{(c+dt^b)^3} \qquad (7\text{-}4\text{-}6)$$

若令式（7-4-6）中，s_t'' 等于 0，解得：$t=0$ 或 $t=\sqrt[b]{(bc-c)/(d+bd)}$。上述 2 个解可将 t 划分为两个区间：区间 I，$0 < t < \sqrt[b]{(bc-c)/(d+bd)}$；区间 II，$\sqrt[b]{(bc-c)/(d+bd)} < t < +\infty$。当 $0 < b \leqslant 1$ 时，恒有沉降加速度 $S_t'' < 0$，曲线是凸的，沉降速率递减，表明此时模型曲线具有"J"形曲线的基本特征。当 $b > 1$ 时，在区间 I 内，沉降加速度 $s_t'' > 0$，沉降速率 s_t' 递增；在区间 II 内，沉降加速度 $s_t'' < 0$，沉降速率递减；当 $t = \sqrt[b]{(bc-c)/(d+bd)}$ 时，沉降速率 s_t' 达到最大值，结合函数的凹凸性和拐点特征，表明函数曲线具备了"S"形曲线的基本特征。

新模型 II 中参数变化时的曲线形态如图 7-4-3 所示。当图 7-4-3（a）中固定其他参数不变，仅参数 b 在 $(0,1]$ 范围内变化时，能够在较大范围内描述"J"形沉降曲线特征；当图 7-4-3（b）中固定其他参数不变，仅参数 b 在 $(1,+\infty)$ 范围内变化时，能够在较大范围内描述"S"形曲线特征。当模型参数 $a=1.2$，$b=1.0$，$c=0.6$，$d=0.005$（类型 A′，对应"J"形曲线）和 $a=0.3$，$b=2.2$，$c=50$，$d=0.001$（类型 B′，对应"S"形曲线）时沉降速率、沉降加速度的全程变化曲线如图 7-4-4 所示。

由图 7-4-4 可知，类型 A′ 的模型参数 b 在 $(0, 1]$ 范围内，沉降速率和沉降加速度均持续降低；类型 B′ 的模型参数 b 在 $(1, +\infty)$ 范围内，沉降速率存在一个峰值点，沉降加速度存在正负两个峰值点，这两个峰值点处曲线斜率为 0。与新模型 I 类似，对于新模型 II 中的类型 B′，若令 $s_t''' = 0$ 及 $s_t'' = 0$ 则可分别确定本模型沉降加速度函数的两个峰值点所对应的时间及模型预测曲线的拐点（沉降速率最大值点）所对应的时间。通过以上分析可以发现，同样通过调整模型参数 a、b、c、d 值，可实现对不同类型沉降曲线的模拟。模型所反映出来的沉降量、沉降速率以及沉降加速度随时间的变化规律均与实际黄土高填方场地工后沉降监测过程中遇到的"S"形或"J"形沉降曲线的特征相符合。

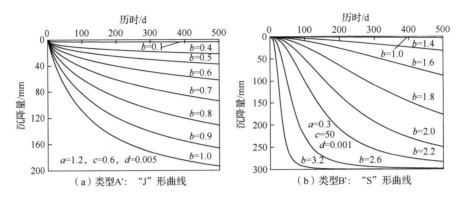

（a）类型A'："J"形曲线　　　　　（b）类型B'："S"形曲线

图 7-4-3　新模型Ⅱ的参数变化对曲线形态的影响

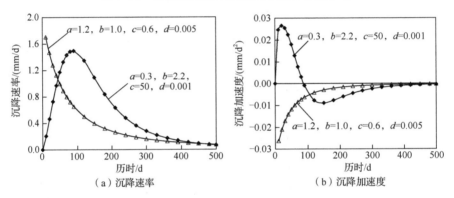

（a）沉降速率　　　　　　　　　　（b）沉降加速度

图 7-4-4　新模型Ⅱ的沉降速率和沉降加速度全程变化曲线

7.4.2　新模型参数的求解与估计

由式（7-4-1）、式（7-4-4）可知，新模型Ⅰ、新模型Ⅱ均为 4 参数非线性方程，很难采用解析法直接求解，为此本次采用数值法求解。设有 m 组实测沉降数据样本 $(s_{t_1}, s_{t_2}, \cdots, s_{t_m})$ 用于建模，由最小二乘法原理，建立预测值 $\hat{s}_{t_i}$ 与实测值 s_{t_i} 之间的目标函数 Q：

$$Q = \sum_{i=1}^{m} e_{t_i}^2 = \sum_{i=1}^{m} (\hat{s}_{t_i} - s_{t_i})^2 \tag{7-4-7}$$

式中：$\hat{s}_{t_i}$ 为待定参数 a、b、c、d 的函数。

因此目标函数 Q 也是待定参数 a、b、c、d 的函数，对目标函数求极小值即为对待定参数 a、b、c、d 的寻优过程。

本次采用列文伯格-麦夸特（Levenberg-Marquardt）优化算法[120]对模型中的 4 个参数进行寻优。该方法是用模型函数对待估参数在其领域内做线性近似，利用泰勒展开，忽略二阶以上的导数项，将优化目标方程转化为线性最小二乘法问题进一步求解，它具有收敛速度快、适应性较强的特点，易于编程实现。本次利用MATLAB 软件中成熟的非线性复杂模型参数估计求解功能，确定模型参数。当求解模型参数时，由软件随机自动给出初始值进行迭代运算，最终找出最优解，确定出模型参数 a、b、c、d 的值。

7.4.3　工程实例分析与效果检验

　　本次从前文所述的两处黄土高填方工程中共选取 4 个典型监测点的沉降数据，采用本章提出的两个新模型预测工后沉降，检验模型的实际预测效果。

　　工程I中典型监测点 JC6、T13 的工后沉降曲线呈"J"形。监测点 JC6 观测历时 642d，共有 32 期实测数据，将实测数据分为前 22 期和后 10 期，利用前 22 期实测数据求解模型参数，然后采用向后预测的 10 期数据（外推预测时长/总数据时长=49.5%）与后 10 期实测数据比较，检验模型的预测效果；监测点 T13 观测历时 1366d，共有 70 期实测数据，将实测数据分为前 60 期和后 10 期，利用前 60 期实测数据求解模型参数，然后采用向后预测的 10 期数据（外推预测时长/总数据时长=23.6%）与后 10 期实测数据比较，检验模型的预测效果。

　　工程II中典型监测点 S1、S2 的工后沉降曲线呈"S"形。两个监测点观测历时 712 d，均有 32 期实测数据，将实测数据分为前 22 期和后 10 期，利用前 22 期实测数据求解模型参数，然后采用向后预测的 10 期数据（外推预测时长/总数据时长=75.6%）与后 10 期实测数据比较，检验模型的预测效果。两种新模型的回归模型参数及预测效果评价指标结果如表 7-4-1 所示。

表 7-4-1　新模型的回归模型参数及预测效果评价指标结果

| 模型类型 | 监测点 | 模型参数 | | | | 拟合精度指标 | 预测精度指标 | |
		a	b	c	d	R^2	MAPE/%	MFE
新模型I	JC6	2.29600	0.4104	0.08121	0.3755	0.9997	4.24	−15.09
	T13	0.55480	0.4396	0.05409	0.2780	0.9995	1.22	−2.77
	S1	0.02460	0.4858	0.010860	0.3811	0.9982	3.47	−0.36
	S2	0.02392	0.4576	0.009726	0.3762	0.9979	4.58	−1.81
新模型II	JC6	1.21900	0.8296	0.20190	0.002407	0.9993	1.88	6.62
	T13	1.25600	0.8464	1.05800	0.002975	0.9991	0.66	1.47
	S1	0.02332	1.5920	1.34000	0.000538	0.9981	11.17	5.04
	S2	0.01292	1.6340	1.01200	0.000324	0.9978	6.19	2.33

1. 新模型对"J"形沉降曲线的预测效果

工程场地I中典型监测点 JC6、T13 采用新模型进行拟合及预测的沉降曲线如图 7-4-5 所示。

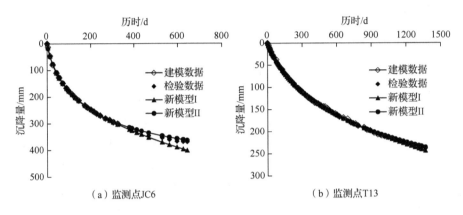

（a）监测点JC6　　　　　　　　　（b）监测点T13

图 7-4-5　工程场地I中典型监测点采用新模型进行拟合及预测的沉降曲线

由表 7-4-1 可知，新模型I、新模型II对实测数据均具有较高的拟合精度（决定系数>0.99），均可以准确反映"J"形沉降曲线的变化特征。由表 7-4-1 中 MFE 计算值并结合图 7-4-5 可知，新模型I的预测值较实测值总体呈偏高（正偏差）趋势，新模型II的预测值较实测值总体呈偏低（负偏差）趋势，根据检验数据计算获得监测点 JC6、T13 后 10 期工后沉降预测结果的 MAPE 值，其中新模型I分别为 4.24%和 1.22%，新模型II分别为 1.88%和 0.66%，表明两种新模型的预测精度均较高，此时新模型I对"J"形沉降曲线的预测精度低于新模型II。此外，在检验数据区段内，绝大多数实测值基本处于两种新模型预测曲线包络带范围内。因此，可通过新模型I和新模型II来预测未来沉降区间。

2. 新模型对"S"形沉降曲线的预测效果

新模型对监测点 S1、S2 的拟合及预测曲线如图 7-4-6 所示。由表 7-4-1 可知，新模型I、新模型II对实测数据具有较高的拟合精度（决定系数 $R^2 > 0.99$），能准确反映"S"形沉降曲线的变化特征。由表 7-4-1 中 MFE 计算值并结合图 7-4-6 可知，新模型I的预测值较实测值总体呈正偏差（偏高）趋势，新模型II的预测值较实测值总体呈负偏差（偏低）趋势。由表 7-4-1 可知，监测点 S1、S2 后 10 期工后沉降预测值的 MAPE 值，当采用新模型I时分别为 3.47%和 4.58%，采用新模型

II时分别为 11.17%和 6.19%，表明两种新模型对该类沉降曲线的预测精度均较高，此时新模型I对"S"形沉降曲线的预测精度总体高于新模型II。

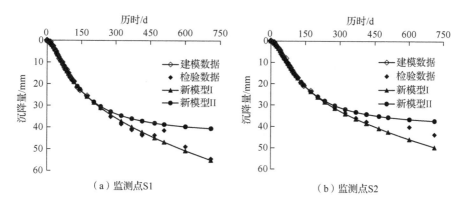

（a）监测点S1　　　　　　　　　　（b）监测点S2

图 7-4-6　工程场地II中典型监测点采用新模型进行拟合及预测的沉降曲线

3. 新模型与传统回归参数模型的预测效果比较

在传统回归参数模型中，双曲线模型、指数函数模型、对数函数模型、幂函数模型、平方根函数模型和星野法等，较适合预测"J"形曲线；Weibull 模型、Morgan-Mercer-Flodin（MMF）模型、改进 Knothe 模型、邓英尔模型、Logistic 模型、Gompertz 模型、Usher 模型、Spillman 模型及 Janoschek 模型等，较适合预测"S"形曲线。采用本书提出的两种新模型及传统回归参数模型分别对具有"J"形及"S"形曲线特征的沉降数据进行建模和外推预测，得到各模型的拟合与预测曲线如图 7-4-7 所示。图 7-4-7 中的传统回归参数模型出现了收敛过早或发散严重的问题。在图 7-4-7（a）中，新模型I的 R^2=0.9997，MAPE=4.24%；新模型II的 R^2=0.9993，MAPE=1.88%；传统回归参数模型 R^2 值的变化范围为 0.9509～0.9992，MAPE 值的变化范围为 6.0%～12.2%。在图 7-4-7（b）中，新模型I的 R^2=0.9979，MAPE=4.58%；新模型II的 R^2=0.9978，MAPE=6.19%；传统回归参数模型 R^2 值的变化范围为 0.9898～0.9981，MAPE 值的变化范围为 7.5%～38.0%。由以上分析可知，两种新模型与传统回归参数模型对"J"形和"S"形沉降曲线的拟合精度指标 R^2 值相差不大，但两种新模型的预测精度指标 MAPE 值均明显小于传统回归参数模型，表明两种新模型的工后沉降预测精度明显优于传统回归参数模型，且具有较强的适用性和稳定性。

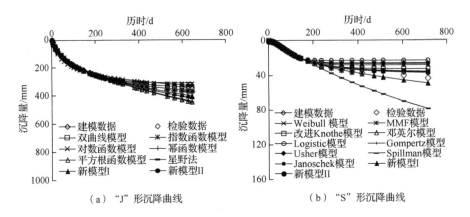

图 7-4-7　新模型与传统回归参数模型的工后沉降拟合与预测曲线

7.5　KF-ES 融合沉降预测模型

基于实测数据建模推算场地沉降的方法预测精度受现场实测数据质量的影响很大，然而一些工程的沉降观测过程受施工和测量误差等多种外界因素干扰，数据中常含有大量随机噪声，导致一些沉降数据呈现"小量级、大波动"的特点[121]。传统预测方法并不考虑数据噪声的识别和处理问题，直接将此类数据用于沉降预测，预测结果将不可避免地受到噪声干扰，难以实现高精度预测。此外，传统预测方法对沉降数据进行曲线拟合时，模型参数不能随沉降数据的更新而自适应改变，即无法反映模型参数的时变特性，难以动态快速预测沉降。因此，为了提高沉降预测的精度、可靠性和时效性，需要考虑对含噪声数据进行处理，同时引入时变参数模型，以解决传统预测方法的不足。

卡尔曼滤波（Kalman filtering，KF）理论[122-123]是 Kalman 于 20 世纪 60 年代初提出的一种统计估算方法，通过处理一系列带有误差的实际测量数据而得到所需物理参数的最佳估算值，是一种对含噪声数据处理的有效方法，能够提高变形监测数据精度[124-126]。卡尔曼滤波的基本方程是时间域内的递推形式，计算过程采取"预测-修正"的递推运算，在计算时不需要存储大量数据，一旦观测到新的观测值，随时可以求得新的滤波值，模型参数可动态自适应，特别适合计算机实时处理观测数据[127]。因此，利用卡尔曼滤波来解决沉降数据降噪处理和模型参数时变自适应是一种可行的方法。

指数平滑方法（exponential smoothing，ES）是一种特殊的加权移动平均法，常用于时间序列的分析预测，由于它既可修匀历史数据，又能较准确地反映数据变化趋势，在各领域的预测中广泛应用[128-130]。平滑系数是指数平滑模型中的关键参数，平滑系数的大小对模型预测值的影响很大[131]。传统指数平滑法的平滑系数取值多凭经验，受人为主观因素影响大，一旦确定就不能依据时间序列的阶段性特点而变动，这样的平滑模型就不能准确地、动态地反映时间序列[132]。因此，若想提高指数平滑法在沉降预测中的时效性和准确性，就必须解决平滑系数的时变自适应问题。

笔者将卡尔曼滤波和指数平滑法相结合，提出了基于卡尔曼滤波法与指数平滑法融合沉降预测模型（简称 KF-ES 融合模型）的沉降预测新方法，解决了含噪声数据处理、模型参数的时变自适应等问题，并采用陕北某黄土高填方场地的实测沉降数据对 KF-ES 融合模型的预测效果进行了检验。该方法可为沉降数据的降噪处理和动态预测提供参考与借鉴。

7.5.1　KF-ES 融合模型原理与实现

1. 卡尔曼滤波法的原理及其沉降预测意义

卡尔曼滤波法是根据过去的目标信息并结合当前的观测值，来预测目标在下一时刻可能出现的信息，它适用于线性高斯动态系统，以最小均方差为准则来实现目标状态的最优估计，其基本原理及计算过程如下[122-123]。

卡尔曼滤波模型假设 t 时刻的系统状态是从$(t-1)$时刻的状态演化而来的，符合式（7-5-1）。式（7-5-1）为卡尔曼滤波的系统状态方程。

$$X_t = F_t X_{t-1} + B_t U_t + W_t \qquad (7\text{-}5\text{-}1)$$

式中：X_t 是 t 时刻的状态向量（真实值）；F_t 是状态转移矩阵，表示不包括系统控制变量以及噪声过程在内的系统状态参数在 $t-1$ 时刻对系统 t 时刻的影响；U_t 是 t 时刻的控制输入向量，一般不做考虑，其值取 0 即可；B_t 是 t 时刻的控制输入矩阵；W_t 是 t 时刻的过程噪声，其协方差矩阵记为 Q_t，是均值为 0 的高斯白噪声序列，服从正态分布 $W_t \sim N(0, Q_t)$。

t 时刻 X_t 的一个观测值 Z_t 满足式（7-5-2）。式（7-5-2）为卡尔曼滤波的系统观测方程。

$$Z_t = H_t X_t + V_t \qquad (7\text{-}5\text{-}2)$$

式中：Z_t 为系统在 t 时刻的观测值向量；H_t 是 t 时刻的测量转移矩阵（观测矩阵），表示状态向量（真实值）X_t 和观测值向量 Z_t 之间的关系，当观测值就是真实值时，该矩阵为单位矩阵；V_t 是 t 时刻的观测噪声，其协方差矩阵记为 R_t，是均值为 0 的高斯白噪声序列，服从正态分布 $V_t \sim N(0, R_t)$。

已知 F_t、U_t、B_t、Z_t、H_t、X_{t-1}、W_t 与 V_t 都是随机向量，且彼此相互独立，可通过分步迭代更新方式求解 X_t。离散型卡尔曼滤波的迭代更新过程包括时间更新和测量更新。时间更新：使用上一状态的估计，做出对当前状态的估计；

测量更新：利用对当前状态的观测值修正由上一时间更新获得的估计值，以获得一个更精确的新估计值，如此循环往复，以逼近真实值。

1）时间更新方程

系统状态的第一步预测：

$$\hat{X}_{t|t-1} = F_t \hat{X}_{t-1|t-1} + B_t U_t \tag{7-5-3}$$

系统均方误差的第一步预测：

$$P_{t|t-1} = F_t P_{t-1|t-1} F_t^{\mathrm{T}} + Q_t \tag{7-5-4}$$

式中：$\hat{X}$ 是卡尔曼滤波状态向量的估计值；P 是真实值 X 与估计值 $\hat{X}$ 的均方误差，也是卡尔曼滤波误差的协方差矩阵。式（7-5-3）、式（7-5-4）中，下标 $t|t-1$ 表示由 $t-1$ 时刻对 t 时刻的预测结果，$t-1|t-1$ 表示 $t-1$ 时刻观测的结果是上一状态的最优结果，下同。

2）测量更新方程

卡尔曼滤波估计方程（t 时刻的最优值）：

$$X_{t|t} = \hat{X}_{t|t-1} + K_t (Z_t - H_t X_{t|t-1}) \tag{7-5-5}$$

均方误差更新矩阵（t 时刻的最优均方误差）：

$$P_{t|t} = P_{t|t-1} - K_t H_t P_{t|t-1} \tag{7-5-6}$$

式中：K_t 表示卡尔曼增益（相当于权重系数）矩阵，采用式（7-5-7）求解。若能求得均方差矩阵 P_t 在最小条件下的卡尔曼增益矩阵 K_t，就能得到对状态的线性最优估计。

$$K_t = P_{t|t-1} H_t^{\mathrm{T}} (H_t P_{t|t-1} H_t^{\mathrm{T}} + R_t)^{-1} \tag{7-5-7}$$

由式（7-5-7）可知，观测噪声协方差 R_t 越小，卡尔曼增益越大。一方面，当 R_t 趋向于 0 时，有下式：

$$\lim_{R_t \to 0} K_t = H_t^{-1} \tag{7-5-8}$$

另一方面，当估计误差协方差 $P_{t|t-1}$ 越小，卡尔曼增益越小，当 $P_{t|t-1}$ 趋向于 0 时，有下式：

$$\lim_{P_{t|t-1} \to 0} K_t = 0 \tag{7-5-9}$$

由式（7-5-8）、式（7-5-9）可知，此时卡尔曼增益矩阵 K_t 的取值为[0，H_t^{-1}]。若当 $H_t = 1$ 时，卡尔曼增益取值区间为[0，1]。若将监测点的沉降变形过程看成是一个随机过程，则对应卡尔曼滤波参数的工程含义如表 7-5-1 所示。

表 7-5-1　沉降数据对应的卡尔曼滤波参数含义

参数	理论含义	工程含义	参数简化说明
X_t	系统状态向量	沉降真实值	
F_t	系统矩阵	沉降变化转移	考虑到因岩土性质、气候变化等原因引起的沉降量 X_t 变化是渐进的，且有随机性，将状态变化过程假定为随机游动，即假定 F_t 为单位矩阵，$F_t = I$
B_t、U_t	状态的控制量		没有控制输入，$B_t = 0$，$U_t = 0$
Z_t	观测值	沉降观测值	
H_t	观测矩阵	沉降量转换	包含噪声的沉降观测值是状态变量的直接体现，$H_t = 1$
W_t	过程噪声	沉降变化偏差	
V_t	观测噪声	沉降观测误差	

根据表 7-5-1 中的参数对应关系，简化式（7-5-3）～式（7-5-6）中的卡尔曼滤波方程，可得到一组如式（7-5-10）所示的递推方程，该方程描述了滤波对象中最为简单的一种线性随机动态系统。

$$\begin{cases} \hat{X}_{t|t-1} = \hat{X}_{t-1|t-1} \\ P_{t|t-1} = P_{t-1|t-1} + Q_t \\ \hat{X}_{t|t} = \hat{X}_{t|t-1} + K_t(Z_t - X_{t|t-1}) \\ P_{t|t} = P_{t|t-1} - K_t P_{t|t-1} \\ K_t = P_{t|t-1}(P_{t|t-1} - R_t)^{-1} \end{cases} \quad （7\text{-}5\text{-}10）$$

2. 指数平滑法原理及其预测模型

指数平滑法是通过对预测目标历史统计序列的逐层平滑计算，消除由于随机因素造成的影响，找出预测目标的基本变化趋势并以此预测。其特点一是利用了全部历史统计数据；二是遵循"重近轻远"的原则加权平均，修匀数据[133]。根据平滑次数不同，指数平滑法分为一次指数平滑、二次指数平滑和三次指数平滑。工程场地的沉降监测数据序列呈非线性递增趋势，因此采用三次指数平滑法。

1）计算 t 期的一次、二次、三次指数平滑值 $S_t^{(1)}$、$S_t^{(2)}$、$S_t^{(3)}$

$$\begin{cases} S_t^{(1)} = aZ_t + (1-a)S_{t-1}^{(1)} \\ S_t^{(2)} = aS_t^{(1)} + (1-a)S_{t-1}^{(2)} \\ S_t^{(3)} = aS_t^{(2)} + (1-a)S_{t-1}^{(3)} \end{cases} \quad （7\text{-}5\text{-}11）$$

式中：a 为平滑系数（可视为权重系数），取值范围为[0, 1]；Z_t 为 t 期观测值。

2）建立 $t+T$ 期的三次指数平滑法预测模型

$$S_{t+T} = \alpha + \beta T + \gamma T^2 \quad （7\text{-}5\text{-}12）$$

式中：S_{t+T} 为 $t+T$ 期的预测值；T 为预测期数；α、β 和 γ 为预测模型参数，按式（7-5-13）求解。

$$\begin{cases} \alpha = 3S_t^{(1)} - 3S_t^{(2)} + S_t^{(3)} \\ \beta = a[(6-5a)S_t^{(1)} - 2(5-4a)S_t^{(2)} + (4-3a)S_t^{(3)}]/[2(1-a)^2] \\ \gamma = a^2(S_t^{(1)} - 2S_t^{(2)} + S_t^{(3)})/[2(1-a)^2] \end{cases} \quad (7\text{-}5\text{-}13)$$

3. 卡尔曼滤波与指数平滑法融合模型的建模方法

若将沉降监测对象视为线性随机动态系统，卡尔曼滤波估计方程视为预测方程，卡尔曼增益就是预测方程中的权重系数，与一般指数平滑法预测模型中平滑系数不变有所不同，卡尔曼增益是随时间而变化的。虽然卡尔曼增益的理论值得不到，但不需要太多的观测值 Z_t 样本，就可求出卡尔曼增益的估算值，随后每增加一次新的观测值 Z_t，就可应用上述递推系统推算一次方程系数的最佳估值，以此适应数值模式的变更。

受上述思想的启发，本书在卡尔曼滤波算法的基础上融入了指数平滑预测方法，建立了沉降预测融合模型，具体建模过程如下。

1）卡尔曼滤波的沉降数据处理过程

测量数据的迭代更新：将 $t-1$ 时刻得到的卡尔曼滤波处理值设定为当前 t 时刻的系统初始状态值，如式（7-5-14）所示。

$$X_{t|t-1}^{(i)} = X_{t-1|t-1}^{(i)} \quad (7\text{-}5\text{-}14)$$

式中：$X_{t-1|t-1}^{(i)}$ 表示 $t-1$ 时刻得到的卡尔曼滤波处理值；i 表示处理次数，当 $i=1$、2、3 时分别代表一次处理值、二次处理值和三次处理值。系统初始状态值所对应的方差值，如式（7-5-15）所示。

$$P_{t|t-1}^{(i)} = P_{t-1|t-1}^{(i)} + Q \quad (7\text{-}5\text{-}15)$$

式中：$P_{t-1|t-1}^{(i)}$ 表示卡尔曼滤波的处理值对应的方差值，当 $i=1$、2、3 时分别代表一次处理值、二次处理值和三次处理值对应的方差值。

测量数据的卡尔曼滤波三次处理：首先对数据进行一次卡尔曼滤波处理，得出卡尔曼滤波一次处理值 $X_{t|t}^{(1)}$，如式（7-5-16）所示。

$$X_{t|t}^{(1)} = X_{t|t-1}^{(1)} + K_t^{(1)}(Z_t - X_{t|t-1}^{(1)}) \quad (7\text{-}5\text{-}16)$$

式中：$K_t^{(1)}$ 表示卡尔曼滤波一次增益，求解公式如式（7-5-17）所示。

$$K_t^{(1)} = P_{t|t-1}^{(1)}/(P_{t|t-1}^{(1)} + R_t) \quad (7\text{-}5\text{-}17)$$

然后对数据进行二次卡尔曼滤波处理，得出卡尔曼滤波二次处理值 $X_{t|t}^{(2)}$，如式（7-5-18）所示。

$$X_{t|t}^{(2)} = X_{t|t-1}^{(2)} + K_t^{(2)}(X_{t|t}^{(1)} - X_{t|t-1}^{(2)}) \quad (7\text{-}5\text{-}18)$$

式中：$K_t^{(2)}$ 表示卡尔曼滤波二次增益，求解公式如式（7-5-19）所示。

$$K_t^{(2)} = P_{t|t-1}^{(2)} / (P_{t|t-1}^{(2)} + R_t) \tag{7-5-19}$$

最后对数据进行三次卡尔曼滤波处理，得出卡尔曼滤波三次处理值 $X_{t|t}^{(3)}$，如式（7-5-20）所示。

$$X_{t|t}^{(3)} = X_{t|t-1}^{(3)} + K_t^{(3)}(X_{t|t}^{(2)} - X_{t|t-1}^{(3)}) \tag{7-5-20}$$

式中：$K_t^{(3)}$ 表示卡尔曼滤波三次增益，求解公式如式（7-5-21）所示。

$$K_t^{(3)} = P_{t|t-1}^{(3)} / (P_{t|t-1}^{(3)} + R_t) \tag{7-5-21}$$

卡尔曼滤波三次处理值对应方差的更新：更新卡尔曼滤波一次处理值、二次处理值和三次处理值所对应的方差值，使算法可以不断运行下去直到数据处理完毕。方差更新公式如式（7-5-22）所示。

$$P_{t|t}^{(i)} = (1 - K_t^{(i)})P_{t|t-1}^{(i)} \qquad (i=1，2，3) \tag{7-5-22}$$

2）沉降预测 KF-ES 融合模型的建立

将式（7-5-13）中的平滑系数 a、一次平滑值 $S_t^{(1)}$、二次平滑值 $S_t^{(2)}$ 和三次平滑值 $S_t^{(3)}$，分别采用卡尔曼滤波三次增益 $K_t^{(3)}$、卡尔曼滤波一次处理值 $X_{t|t}^{(1)}$、二次处理值 $X_{t|t}^{(2)}$ 和三次处理值 $X_{t|t}^{(3)}$ 替换，对应 α、β 和 γ 的求解公式如式（7-5-23）～式（7-5-25）所示。

$$\alpha = 3X_{t|t}^{(1)} - 3X_{t|t}^{(2)} + X_{t|t}^{(3)} \tag{7-5-23}$$

$$\beta = \frac{K_t^{(3)}}{2\left[1 - K_t^{(3)}\right]^2}\left\{\left[6 - 5K_t^{(3)}\right]X_{t|t}^{(1)} - 2\left[5 - 4K_t^{(3)}\right]X_{t|t}^{(2)} + \left[4 - 3K_t^{(3)}\right]X_{t|t}^{(3)}\right\}$$

$$\tag{7-5-24}$$

$$\gamma = \frac{[K_t^{(3)}]^2[X_{t|t}^{(1)} - 2X_{t|t}^{(2)} + X_{t|t}^{(3)}]}{2[1 - K_t^{(3)}]^2} \tag{7-5-25}$$

将求得的 α、β 和 γ 代入式（7-5-12）从而建立预测融合模型，便可以求得 $t+T$ 期（$T=1$，2，$\cdots$，n）的沉降预测值。本次根据上述原理和建模方法，采用 VB 语言编制了专门的计算程序。

7.5.2　工程实例分析与效果检验

本工程在大厚度填方场地、高陡边坡等重点区域，采用北斗自动化监测系统观测地表沉降变形，用于预测变形发展趋势和评估场地稳定性。由于受现场施工和测量误差等因素干扰，部分监测点的沉降数据因含有较多噪声表现出明显的波动性和离散性。为便于分析，将沉降数据根据所含噪声大小分为含大量噪声和含少量噪声两类。下面简要介绍采用本书提出的 KF-ES 融合模型对两类含噪声沉降数据的预测效果。

1. 含大量噪声沉降数据的预测效果

图 7-5-1 为含大量噪声的北斗自动化监测点 BDS0、BDS1，采用 KF-ES 融合模型的预测效果。BDS0 共 60d 数据，采用前 50d 数据建模，向后预测 10d 数据；BDS1 共 40d 数据，采用前 30d 数据建模，向后预测 10d 数据。本次采用水准测量方法观测北斗监测点的沉降量，作为北斗监测点真实沉降量的参考值。由图可知，经 KF-ES 融合模型降噪处理后，原始沉降曲线的数据跳跃变小，表明数据中的随机噪声得到减弱，但需要注意的是卡尔曼滤波降噪存在一定的时间滞后性，即预测值变化滞后于观测值的变化，尤其在图 7-5-1（b）中数据发生剧烈变化时更明显。本次将 KF-ES 融合模型预测值偏离参考值（即水准观测值）的程度，采用绝对误差 Δe（$\Delta e = s_{t_i} - \hat{s}_{t_i}$，$s_{t_i}$ 为实测值，$\hat{s}_{t_i}$ 为预测值）和相对误差 δ（$\Delta e / s_{t_i}$）来评价。外推预测结果显示，BDS0 的 Δe 变化范围为-2.0~7.3mm，δ 变化范围为-1.9%~6.8%；BDS1 的 Δe 变化范围为-0.4~0.5mm，δ 变化范围为-2.6%~3.0%，降噪后的沉降预测曲线与水准实测曲线接近，表明 KF-ES 融合模型能较好地反映真实沉降趋势。

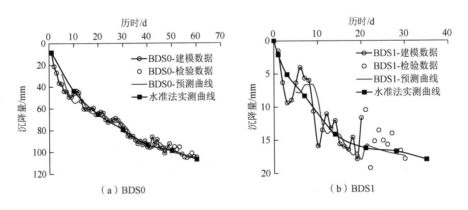

图 7-5-1　KF-ES 融合模型对含较多噪声沉降数据的预测效果

2. 含少量噪声沉降数据的预测效果

图 7-5-2 为含少量噪声的北斗自动化监测点 BDS2，采用 KF-ES 融合模型的预测效果。BDS2 共 65d 数据，采用前 45d 数据建模，向后预测 20d 数据。

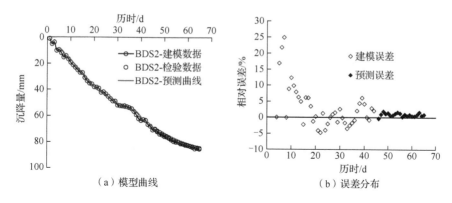

（a）模型曲线　　　　　　　　　（b）误差分布

图 7-5-2　KF-ES 融合模型对含较少噪声沉降数据的预测效果

由图 7-5-2 可知，降噪后的建模数据、外推预测数据与实测数据均吻合较好，相对误差随数据量增多逐步降低，这与传统回归参数模型具有较大的差别，表明融合模型逐步提取了沉降变形信息并用于向后预测。外推预测值结果的 Δe 变化范围为 -0.3～1.4mm，δ 变化范围为 -0.4%～1.8%。本次采用平均绝对百分比误差（MAPE）、平均绝对误差（MAD）和均平方误差（MSE）评价模型的总体外推预测误差，平均预测误差（MFE）衡量模型的无偏性（无偏性是指正、负误差出现的概率大致相同）。计算结果显示，MAPE=0.88%（一般认为，当 MAPE<10% 时，是一个比较好的预测模型），MAD=0.70，MSE=0.61，MFE=0.67，模型的预测误差较小、无偏性较好，表明融合模型能够满足短期动态预测需求，但需要指出的是，无论是卡尔曼滤波还是指数平滑法，对建模数据均有"重近轻远"的特点，为保证预测精度需实时添加新的观测数据，对模型进行及时修正，因此外推预测时长不宜过长。由于模型所依据的观测数据历史时间越远，对未来的影响就越小，会产生较大误差，为此，动态预测时，用于建模的数据需随观测数据的更新而实时更新。

7.6　工后沉降组合预测模型

高填方工程的沉降过程复杂，传统单项预测模型考虑的因素往往有限，信息利用有时不够全面，往往不能准确地反映整个高填方工程的沉降发展趋势。不同的单项预测模型考虑的因素变量不同，所包含的有效信息也各不相同，这些有效信息均能从各个层面体现同一个复杂预测系统的发展趋势，因而这些有效信息是有关联的，并且在一定程度上起到互补的作用[134]。基于此，一些学者提出了组合预测的概念[135]，该方法能综合各单项模型所提供的有效信息，有效提高预测精度，成为国内外预测领域研究的热点课题。组合预测中单项模型的选择和权重系数分配是两项关键问题，决定了组合预测模型的预测精度及稳定性。以往根据"误差平方和最小""误差绝对值之和最小"等对各单项模型进行排序选优的筛选方法，忽视了所选单项模型包含有效信息的重复性，因此筛选出的单项模型往往不是最适合组合预测的单项模型。关于权重系数确定方法，当前应用较多的有简单加权法、方差倒数法、标准差法和熵权法等，但究竟采用哪种权重系数分配方法所建立的组合模型预测效果最优，尚缺乏系统研究。

　　因此，笔者针对黄土高填方场地工后沉降组合预测中面临的单项模型选择、权重系数分配等问题，基于陕北某黄土高填方场地的工后沉降实测数据，采用包容性检验方法遴选出合适的单项模型，然后根据遴选出的单项模型偏度指标选取合适的方法进行组合，根据组合预测模型的内拟合精度及外推预测精度的综合评价，确定出最佳的权重系数分配方法。

7.6.1　组合预测模型原理

　　组合预测模型原理如图 7-6-1 所示，首先根据实测数据建立 n 个单项模型向后预测得到共 T 期预测数据，从中遴选出 m（ $m \leqslant n$ ）个参与组合的单项模型，然后根据遴选出的各单项模型所提供的有效信息，赋予每种单项模型不同权重系数进行加权组合，得到组合预测结果。

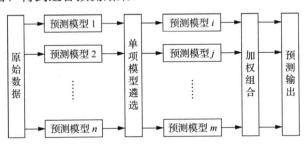

图 7-6-1　组合模型原理图

　　组合预测计算公式[134]如下：

$$F_{t_i} = \sum_{k=1}^{m} w_k \hat{S}_{kt_i} \qquad (7-6-1)$$

式中： F_{t_i} 为第 i 期（ $i = 1, 2, \cdots, T$ ）的组合模型预测值； $\hat{S}_{kt_i}$ 为参与组合的第 k 种（ $k = 1, 2, \cdots, m$ ）单项模型在第 i 期的预测值； w_k 为参与组合的第 k 种单项模型的权重系数，权重系数 w_k 满足 $\sum w_k = 1$ 且 $w_k \geqslant 0$ 。

7.6.2　单项预测模型的遴选

1.　单项模型包容性检验

假定 F_{ct_i} 为全部 n 个单项模型的组合模型在第 i 期的预测值，$F_{(c-k)t_i}$ 为仅不含第 k 种单项模型 $\hat{S}_{kt_i}$ 的组合模型在第 i 期的组合预测值，由 F_{ct_i} 和 $F_{(c-k)t_i}$ 所构成的线性模型如下：

$$S_{t_i} = \beta_1 F_{(c-k)t_i} + \beta_2 F_{ct_i} + \varepsilon_{t_i} \tag{7-6-2}$$

式中：S_{t_i} 为第 i 期的实测沉降量；$\beta_1 \geqslant 0$，$\beta_2 \geqslant 0$ 均为回归系数，且 $\beta_1 + \beta_2 = 1$，ε_{t_i} 为随机扰动项。若 $\beta_1 = 0$，$\beta_2 = 1$ 则称组合预测模型 F_{ct_i} 包容 $F_{(c-k)t_i}$；反之若 $\beta_1 = 1$，$\beta_2 = 0$ 则称组合模型 $F_{(c-k)t_i}$ 包容组合模型 F_{ct_i}。若 β_1、β_2 取其他值，则组合模型 F_{ct_i} 和 $F_{(c-k)t_i}$ 互不包容，表明第 k 种单项模型能够提供有用的信息。

令 $e_{ct_i} = S_{t_i} - F_{ct_i}$，$e_{(c-k)t_i} = S_{t_i} - F_{(c-k)t_i}$ 分别表示两个组合模型相对于实测值的预测误差，则由式（7-6-2）可得

$$\begin{aligned} e_{ct_i} = S_{t_i} - F_{ct_i} &= \beta_1 F_{(c-k)t_i} + \beta_2 F_{ct_i} + \varepsilon_{t_i} - (\beta_1 + \beta_2) F_{ct_i} \\ &= \beta_1 (F_{(c-k)t_i} - F_{ct_i}) + \varepsilon_{t_i} = \beta_1 (e_{ct_i} - e_{(c-k)t_i}) + \varepsilon_{t_i} \end{aligned} \tag{7-6-3}$$

同理可得

$$e_{(c-k)t_i} = \beta_2 (e_{(c-k)t_i} - e_{ct_i}) + \varepsilon_{t_i} \tag{7-6-4}$$

组合模型中单项模型的包容性检验转化为对式（7-6-3）和式（7-6-4）的检验，检验步骤如下。

（1）设原假设 $H_0 : \beta = 0$，对立假设 $H_1 : \beta \neq 0$，其中 β 取值为 β_1 或 β_2。

（2）计算 t 统计量，t 统计量服从自由度为 $n-2$ 的 t 分布。当 H_0 成立时，可得式（7-6-5）：

$$t = \frac{\bar{d} - \beta}{\sigma_{\bar{d}}} \tag{7-6-5}$$

$$\bar{d}_{ab} = \frac{\sum_{i=1}^{T}(\hat{S}_{at_i} - \hat{S}_{bt_i})}{T} = \frac{\sum_{i=1}^{T} d_{abt_i}}{T} \tag{7-6-6}$$

$$\sigma_{\bar{d}} = \sqrt{\frac{\sum_{i=1}^{T}(d_{abt_i} - \bar{d}_{abt_i})^2}{T-1}} \tag{7-6-7}$$

式中：a 和 b 代表单项模型，为 1，2，…，n；d_{abt_i} 为 t_i 时刻第 a 种单项模型预测值与第 b 种单项模型预测值的差值；$\bar{d}_{abt_i}$ 为第 a 种单项模型预测值与第 b 种单项模型预测值差值的平均值；$\sigma_{\bar{d}}$ 为第 a 种单项模型预测值与第 b 种单项模型预测值

差值的标准偏差。

（3）在给定显著性水平 $\alpha = 0.05$ 下，确定临界值 $t_{\alpha/2(n-2)}$。

（4）根据检验结果判断，若 $|t| \geqslant t_{\alpha/2(n-2)}$，则拒绝原假设 $H_0 : \beta = 0$，表明增加单项模型 $\hat{S}_{kt}$ 包含原有组合模型所不具备的有效信息，显著增加了组合预测的精度；反之，若 $|t| < t_{\alpha/2(n-2)}$，则接受原假设，表明预测模型 $\hat{S}_{kt}$ 的增加没有改变组合预测的性能，未能提供新的有效信息，则将 $\hat{S}_{kt}$ 从单项模型备选集中剔除。

2. 单项模型的遴选步骤

本次对单项模型进行遴选时，首先利用误差平方和对各个单项预测模型进行排序，然后按照排序结果对单项模型进行包容性检验。单项模型的包容性检验方法如下[136]。

（1）步骤I：根据实测数据建立 n 种单项预测模型，利用误差平方和对各个单项模型进行排序，这里假设 $\hat{S}_{1t} > \hat{S}_{2t} > \cdots > \hat{S}_{nt}$，第 k 种单项预测模型的误差平方和 E_k 计算公式如下：

$$E_k = \sum_{i=1}^{T} e_{kt_i}^2 = \sum_{i=1}^{T} \left(S_{t_i} - \hat{S}_{kt_i} \right)^2 \tag{7-6-8}$$

（2）步骤II：由单项模型备选集 $\hat{S}_{1t}, \hat{S}_{2t}, \cdots, \hat{S}_{nt}$ 建立组合模型 F_{ct}，由不含 $\hat{S}_{nt}$ 的单项模型备选集 $\hat{S}_{1t}, \hat{S}_{2t}, \cdots, \hat{S}_{(n-1)t}$ 建立组合模型 $F_{(c-n)t}$。对 F_{ct} 与 $F_{(c-n)t}$ 之间进行包容性检验，若 $F_{(c-n)t}$ 包容 F_{ct}，表明 $\hat{S}_{nt}$ 的加入未能提高组合模型 F_{ct} 的预测精度，将 $\hat{S}_{nt}$ 从备选集中剔除，并由不含 $\hat{S}_{nt}$、$\hat{S}_{(n-1)t}$ 的单项模型备选集 $\hat{S}_{1t}, \hat{S}_{2t}, \cdots, \hat{S}_{(n-2)t}$ 建立新组合模型 $F_{[c-n-(n-1)]t}$，对 $F_{(c-n)t}$ 与 $F_{[c-n-(n-1)]t}$ 之间继续进行包容性检验；否则保留 F_{ct} 中的 $\hat{S}_{nt}$，重新由不含 $\hat{S}_{(n-1)t}$ 的单项模型备选集 $\hat{S}_{1t}, \hat{S}_{2t}, \cdots, \hat{S}_{(n-2)t}$，$\hat{S}_{nt}$ 建立组合模型 $F_{[c-(n-1)]t}$，然后对 F_{ct} 与 $F_{[c-(n-1)]t}$ 之间进行包容性检验。按照上述思路，直至完成全部单项模型检验。将最后得到单项预测模型作为最终参与组合的单项模型。

7.6.3 组合预测模型的建立

1. 组合方法的选取

偏度是统计数据分布偏斜方向和程度的度量，是统计数据分布非对称程度的数字特征。预测模型效果评价指标中的平均预测误差（MFE）指标能有效体现预测模型的无偏性，故本书利用 MFE 值作为预测模型的偏度分析指标。

在组合模型中，"有偏"的单项预测模型占据多数时（超过一半），或者单项模型最大的偏度超过上限值两倍时，选择组合预测方法可遵循以下指导方针[137]。

（1）中长期预测：使用最优加权（optimal weighting，OW）法或者简单平均

（simple averaging，SA）法。

（2）短期预测：时变权重法。

（3）虽然有些单项模型是"有偏"估计，但在组合时，不应该剔除这些单项模型，因为这些单项模型可能包含了有用的预测信息。

（4）当选择简单平均组合预测时，偏度不会通过组合而被减弱。

2. 权重系数的确定

1）简单平均法（SA）

这种方法假设各个单项预测模型对实际沉降的影响程度是相同的，因此在预测时，将各个单项预测模型的预测数据看得同等重要，用它们的简单算术平均值来作为下一时期的预测值。权重系数按照下式计算：

$$w_k = 1/m \qquad\qquad (7\text{-}6\text{-}9)$$

式中：w_k 为各单项预测模型的权重系数；m 为参与组合的单项预测模型数量。

2）最优加权法（OW）

最优加权法的实质是依据某种最优准则构造目标函数 Q，在约束条件下使 Q 最小，进而求出组合模型的权重系数[138]。

第 k 个单项模型在第 i 期的预测误差 e_{kt_i} 为

$$e_{kt_i} = \hat{S}_{kt_i} - S_{t_i} \qquad\qquad (7\text{-}6\text{-}10)$$

组合模型在第 i 期的预测误差 e_{t_i} 为

$$e_{t_i} = \hat{S}_{t_i} - S_{t_i} = \sum_{k=1}^{m} w_k \hat{S}_{kt_i} - S_{t_i} \qquad\qquad (7\text{-}6\text{-}11)$$

若满足 $0 \leqslant w_k \leqslant 1$，且 $\sum w_k = 1$，则组合模型在第 i 期的预测误差可进一步表示为

$$e_{t_i} = \sum_{k=1}^{m} w_k(\hat{S}_{kt_i} - S_{t_i}) = \sum_{k=1}^{m} w_k e_{kt_i} = [e_{1t_i} \quad e_{2t_i} \quad \cdots \quad e_{mt_i}][w_1 \quad w_2 \quad \cdots \quad w_m]^{\mathrm{T}}$$

$$(7\text{-}6\text{-}12)$$

组合模型中各单项模型可构成预测误差向量矩阵［式（7-6-12）］，拟合偏差矩阵 $\boldsymbol{E}$ 如式（7-6-13）所示。

$$\boldsymbol{E} = \begin{bmatrix} \sum_{i=1}^{n} e_{1t_i}^2 & \sum_{i=1}^{n} e_{1t_i} e_{2t_i} & \cdots & \sum_{i=1}^{n} e_{1t_i} e_{mt_i} \\ \sum_{i=1}^{n} e_{2t_i} e_{1t_i} & \sum_{i=1}^{n} e_{2t_i}^2 & \cdots & \sum_{i=1}^{n} e_{2t_i} e_{mt_i} \\ \vdots & \vdots & & \vdots \\ \sum_{i=1}^{n} e_{mt_i} e_{1t_i} & \sum_{i=1}^{n} e_{mt_i} e_{2t_i} & \cdots & \sum_{i=1}^{n} e_{mt_i}^2 \end{bmatrix} \qquad (7\text{-}6\text{-}13)$$

组合模型中各模型的权重系数向量为 $\boldsymbol{W} = [w_1 \quad w_2 \quad \cdots \quad w_m]^{\mathrm{T}}$；定义 $\boldsymbol{R}$ 为分量全为 1 的列向量，即 $\boldsymbol{R} = [1 \ 1 \ \cdots \ 1]^{\mathrm{T}}$。对组合模型的最优权重系数求解，是对误差平方和在最小二乘法准则下的数学规划，其目标函数和约束条件分别为

$$\begin{cases} \min Q = \sum_{i=1}^{T} e_{t_i}^2 \\ \text{s.t.} \sum_{k=1}^{m} w_k = 1, \ w_k \geqslant 0 \end{cases} \tag{7-6-14}$$

要使目标函数 Q 最小，则有

$$\begin{cases} \min Q = \sum_{i=1}^{n} e_{t_i}^2 = \boldsymbol{W}^{\mathrm{T}} \boldsymbol{E} \boldsymbol{W} \\ \text{s.t.} \ \boldsymbol{R}^{\mathrm{T}} \boldsymbol{W} = 1 \end{cases} \tag{7-6-15}$$

对式（7-6-15）采用 Lagrange（拉格朗日）乘子法求解，得到最优权重向量为

$$\boldsymbol{W} = \frac{\boldsymbol{E}^{-1} \boldsymbol{R}}{\boldsymbol{R}^{\mathrm{T}} \boldsymbol{E}^{-1} \boldsymbol{R}} \tag{7-6-16}$$

若参与组合模型的单项模型权重系数，出现分量 $w_k < 0$，则表示第 k 个模型不能参与组合，若有 y（$y < m$）个模型被筛选掉，则将余下模型重新组合，由以上方法再次得到最优组合权重系数。

7.6.4 工程实例分析与效果检验

1. 工程概况

延安新区黄土高填方场地在土方完成后即进行了工后地表沉降监测，截至预测时某典型监测点 JC1 观测历时 825d，已获得共 36 期实测数据。本次将实测数据分为前 22 期和后 14 期，利用前 22 期实测数据求解单项模型参数，后 14 期实测数据一方面用于评价单项模型预测效果，另一方面被用于组合模型建模和检验，其中用于组合模型建模的实测数据 6 期，用于组合模型预测效果检验的实测数据 8 期。

2. 单项预测模型的系数及偏度求解

本次采用以下 7 种单项模型来分别预测黄土高填方场地的工后沉降，即双曲线（$\hat{S}_{1t}$）、指数函数（$\hat{S}_{2t}$）、对数函数（$\hat{S}_{3t}$）、对数抛物线（$\hat{S}_{4t}$）、幂函数（$\hat{S}_{5t}$）、平方根函数（$\hat{S}_{6t}$）、星野法（$\hat{S}_{7t}$）。利用前 22 期实测数据求解的各单项预测模型参数及精度如表 7-6-1 所示，各单项模型的拟合及预测曲线如图 7-6-2 所示。

表 7-6-1　各单项模型参数及精度

模型名称	数学表达式	模型参数			拟合精度指标 R^2	预测精度指标	
		a	b	c		MAPE/%	MFE
指数函数	$S_t = a(1 - be^{-ct})$	313.5	0.9644	0.008	0.9980	0.060	21.2
双曲线	$S_t = t / (a + bt)$	0.3093	0.0024		0.9950	0.113	39.8
幂函数	$S_t = at^b$	16.79	0.5051		0.9758	0.104	36.4
平方根函数	$S_t = a + b\sqrt{t}$	−6.624	17.74		0.9999	0.024	−8.4
对数函数	$S_t = a\ln t + b$	72.69	−140.9		0.9922	0.115	−40.7
对数抛物线	$S_t = a(\lg t)^t + b\lg t + c$	64.3	−48.21	17.61	0.9934	0.122	−43.2
星野法	$S_t = \dfrac{ab\sqrt{t - t_0}}{\sqrt{1 + b^2(t - t_0)}}$	1140	0.0155		0.9927	0.074	−26.3

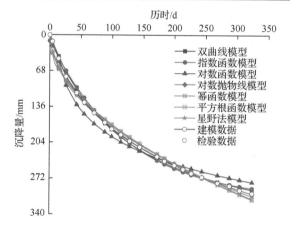

图 7-6-2　各单项模型拟合及预测曲线

由表 7-6-1 可知，各单项预测模型的拟合精度指标（R^2）均较高，表明各单项预测模型对实测数据的解释性较好，且预测精度等级均属于"良好"及以上。综上所述，本工程实例利用前 22 期实测数据建立的各单项预测模型可靠性较好，可作为组合沉降预测的单项预测模型备选集。表 7-6-2 给出各单项预测模型后 14 期外推预测结果及预测精度。

表 7-6-2　单项模型后 14 期外推预测结果及预测精度

历时/d	实测沉降/mm	预测值/mm						
		$\hat{S}_{1t}$	$\hat{S}_{2t}$	$\hat{S}_{3t}$	$\hat{S}_{4t}$	$\hat{S}_{5t}$	$\hat{S}_{6t}$	$\hat{S}_{7t}$
378	316.2	306.7	299.2	290.5	320.5	336.5	338.3	329.1
390	320.5	309.1	300.5	292.8	324.4	341.8	343.7	333.9
412	328.3	313.2	302.6	296.8	331.2	351.4	353.5	342.3

续表

历时/d	实测沉降/mm	预测值/mm						
		$\hat{S}_{1t}$	$\hat{S}_{2t}$	$\hat{S}_{3t}$	$\hat{S}_{4t}$	$\hat{S}_{5t}$	$\hat{S}_{6t}$	$\hat{S}_{7t}$
434	331.7	317.0	304.4	300.5	337.8	360.8	362.9	350.5
468	346.6	322.3	306.6	306.0	347.4	374.8	377.2	362.6
530	354.4	330.5	309.3	315.1	363.5	399.1	401.8	383.4
562	361.3	334.2	310.3	319.3	371.2	411.1	413.9	393.4
596	367.6	337.7	311.0	323.6	379.1	423.5	426.5	403.7
624	368.7	340.4	311.5	326.9	385.2	433.4	436.5	411.9
642	369.5	342.0	311.8	329.0	389.1	439.7	442.9	417.0
670	385.3	344.4	312.1	332.1	394.9	449.3	452.6	424.7
701	389.4	346.8	312.4	335.4	401.1	459.6	463.1	433.0
763	405.1	351.2	312.9	341.6	412.9	479.7	483.4	448.9
825	415.2	355.0	313.1	347.2	423.9	499.1	502.9	463.9
MAPE/%		4.9	8.7	9.8	1.4	8.3	8.9	5.2
MFE		16.5	29.2	32.7	-4.5	-27.8	-30.0	-17.4

3. 单项模型包容性检验

（1）根据表 7-6-2 中前 6 期预测数据对各模型预测效果由高到低排序为：对数抛物线（$\hat{S}_{4t}$）>双曲线（$\hat{S}_{1t}$）>星野法（$\hat{S}_{7t}$）>幂函数（$\hat{S}_{5t}$）>指数函数（$\hat{S}_{2t}$）>平方根函数（$\hat{S}_{6t}$）>对数函数（$\hat{S}_{3t}$）。为了叙述方便，用 F_{4156} 表示由 $\hat{S}_{4t}$、$\hat{S}_{1t}$、$\hat{S}_{5t}$、$\hat{S}_{6t}$ 建立的组合模型，F_{456} 表示由 $\hat{S}_{4t}$、$\hat{S}_{5t}$、$\hat{S}_{6t}$ 建立的组合模型。组合模型的组合系数采用方差倒数法确定。

（2）在 $\alpha = 0.05$ 的显著水平下，通过 $F_{4175263}$ 的组合模型和 F_{417526} 的组合模型来对 $\hat{S}_{3t}$ 进行包容性检验，得到 t 统计量为-5.7491，查 t 临界值分布表可得 $t_{0.05/2(4)}$=3.495，有$|t|$=5.7491>3.495，根据接受原则，保留 $\hat{S}_{3t}$。

（3）在 $\alpha = 0.05$ 的显著水平下，通过 $F_{4175263}$ 的组合模型和 F_{417523} 的组合模型来对 $\hat{S}_{6t}$ 进行包容性检验，得到 t 统计量为 3.3444，查 t 临界值分布表可得 $t_{0.05/2(4)}$=3.495，有$|t|$=3.3444<3.495，根据接受原则，将 $\hat{S}_{6t}$ 从备选集中剔除。

（4）在 $\alpha = 0.05$ 的显著水平下，通过 F_{417523} 的组合模型和 F_{41753} 的组合模型来对 $\hat{S}_{2t}$ 进行包容性检验，得到 t 统计量为-2.6289，查 t 临界值分布表可得 $t_{0.05/2(4)}$=3.495，有$|t|$=2.6289<3.495，根据接受原则，$\hat{S}_{2t}$ 与其他模型互相包容，将 $\hat{S}_{2t}$ 从备选集中剔除。

（5）在 $\alpha = 0.05$ 的显著水平下，通过 F_{41753} 的组合模型和 F_{4173} 的组合模型来对 $\hat{S}_{5t}$ 进行包容性检验，得到 t 统计量为 3.0811，查 t 临界值分布表可得 $t_{0.05/2(4)}$=3.495，有$|t|$=3.0811<3.495，根据接受原则，将 $\hat{S}_{5t}$ 从备选集中剔除。

（6）在 $\alpha = 0.05$ 的显著水平下，通过 F_{4173} 的组合模型和 F_{413} 的组合模型来对 $\hat{S}_{7t}$ 进行包容性检验，得到 t 统计量为 3.1249，查 t 临界值分布表可得 $t_{0.05/2(4)}=3.495$，有 $|t|=3.1249<3.495$，根据接受原则，$\hat{S}_{7t}$ 与其他模型互相包容，将 $\hat{S}_{7t}$ 从备选集中剔除。

（7）在 $\alpha = 0.05$ 的显著水平下，通过 F_{413} 的组合模型和 F_{43} 的组合模型来对 $\hat{S}_{1t}$ 进行包容性检验，得到 t 统计量为-3.8872，查 t 临界值分布表可得 $t_{0.05/2(4)}=3.495$，有 $|t|=3.8872>3.495$，根据接受原则，保留 $\hat{S}_{1t}$。

（8）在 $\alpha = 0.05$ 的显著水平下，对 $\hat{S}_{4t}$、$\hat{S}_{3t}$、$\hat{S}_{1t}$ 进行包容性检验，计算结果表明，三者不互相包容。综上所述，$\hat{S}_{4t}$、$\hat{S}_{3t}$、$\hat{S}_{1t}$ 即为最后筛选出来的单项预测模型。

4. 权重系数的确定

根据 MFE 指标可以看出本次遴选的对数抛物线模型（$\hat{S}_{4t}$）、双曲线模型（$\hat{S}_{1t}$）、对数函数模型（$\hat{S}_{3t}$）都属于有偏模型。本工程利用组合模型对黄土高填方场地进行中长期沉降预测，根据组合模型遴选规则，采用简单平均法及最优加权法建立两种不同组合预测模型，两种组合预测模型的内拟合及外推预测曲线如图 7-6-3 所示。由图 7-6-3 可知，在利用有偏的单项预测模型建立组合模型进行中长期沉降预测时，最优加权法预测模型的拟合优度及外推预测精度都要比简单平均法预测模型高。分析其原因在于，利用简单平均法建立组合模型时，认为上文遴选出的 3 种单项预测模型的贡献率都相同，因此应该赋予 3 种单项预测模型相同的权重系数。但是在实际工程中，每个单项预测模型所考虑的因素各不相同，某些单项预测模型考虑的影响因素更全面一些（下文简称为"高效模型"），而某些单项预测模型考虑的因素相对比较片面（下文简称为"低效模型"），因此在权重系数分配时，应该赋予高效模型以更大的权重系数、低效模型较小的权重系数。

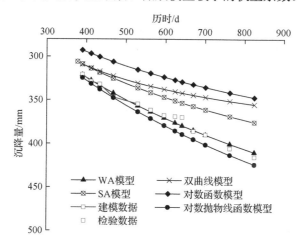

图 7-6-3　最优加权组合预测模型内拟合及外推预测曲线

5. 最优加权组合预测模型的建立

为了进一步检验利用包容性方法进行单项模型遴选的效果，下面利用预测效果评价指标对几种组合预测结果进行分析比较。采用决定系数 R^2 评价组合模型的拟合效果，表 7-6-3 给出其中 $F_{4175263}$、F_{417523}、F_{41753}、F_{4173}、F_{413}、F_{43}、F_{417}（分别记为 F_a、F_b、F_c、F_d、F_e、F_f、F_g）的决定系数 R^2 值。

表 7-6-3　包容性检验与未检验的决定系数值

组合模型	决定系数 R^2	组合模型	决定系数 R^2
F_a	0.8978	F_e	0.9481
F_b	0.9204	F_f	0.8942
F_c	0.8922	F_g	0.8873
F_d	0.9168		

由表 7-6-3 可知，组合模型 F_e 的 R^2 值要比其他组合模型高，证实了在建立组合预测模型时，并不是参与的单项模型越多越好，而是要利用包容性检验对各单项模型进行有效性筛选，才能有效提高组合预测的效率及预测精度。为了与包容性检验的结果形成对比，根据"误差平方和最小""误差的绝对值之和最小"原则对单项模型进行排序，排序结果由高到低为：对数抛物线（$\hat{S}_{4t}$）>双曲线（$\hat{S}_{1t}$）>星野法（$\hat{S}_{7t}$）>幂函数（$\hat{S}_{5t}$）>指数函数（$\hat{S}_{2t}$）>平方根函数（$\hat{S}_{6t}$）>对数函数（$\hat{S}_{3t}$）。然后根据误差平方和最小原则选取前三种单项模型建立组合预测模型，即 F_{417}（定义为 F_g）。将 F_g 与经过包容性检验后的组合模型 F_e 进行拟合精度对比。由表 7-6-3 可知，组合模型 F_g 的拟合精度要远远小于组合模型 F_e。这也进一步证实，根据"误差平方和最小""误差的绝对值之和最小"等原则对单项模型排序遴选的方法忽视了所选单项模型之间的相互包容性，而利用包容性检验建立的组合预测模型能有效提高预测精度。

基于以上思想，最优加权法通过 MATLAB 2018A 智能运算程序，综合考虑了各单项模型的贡献率，并通过误差平方和最小原则进行了反复迭代优化。根据检验数据计算获得监测点后 8 期工后沉降预测结果的 MAPE 值，其中双曲线模型（$\hat{S}_{1t}$）、对数函数模型（$\hat{S}_{3t}$）、对数抛物线函数模型（$\hat{S}_{4t}$）分别为 10%、13%、3%，而最优加权组合预测模型仅为 1%，表明利用 MATLAB 2018A 程序建立的最优加权组合预测模型的预测精度明显优于文中遴选出的传统回归参数模型。因此在中长期沉降预测工程中，宜采用最优加权法建立组合预测模型。

最优加权组合预测模型的预测值及预测精度如表 7-6-4 所示。采用平均绝对百分比误差（MAPE）、平均预测误差（MFE）指标评价其预测效果。由表 7-6-4 中 MFE 计算值并结合图 7-6-3 可知，最优加权（WA）组合预测模型的预测值较实测值总体呈偏低（负偏差）趋势，但是在后期，偏差逐渐减小，与实测数据曲线趋势大致相同。由此可见，利用有偏的单项预测模型建立组合预测模型时，不论用哪种方法进行组合，都不会改变模型的偏移性，但根据组合方法的不同，可以改变其偏移程度。

表 7-6-4　最优加权组合预测模型的预测值及预测精度

历时/d	实测值/mm	预测值/mm			
		最优加权	双曲线	对数函数	对数抛物线
562	361.3	363.5	334.2	319.3	371.2
596	367.6	370.5	337.7	323.6	379.1
624	368.7	375.9	340.4	326.9	385.2
642	369.5	379.3	342.0	329.0	389.1
670	385.3	384.4	344.4	332.1	394.9
701	389.4	389.9	346.8	335.4	401.1
763	405.1	400.2	351.2	341.6	412.9
825	415.2	409.8	355.0	347.2	423.9
MAPE/%		0.01	0.10	0.13	0.03
MFE		−1.42	38.79	50.87	−11.92

7.7　小　　结

（1）为遴选适合黄土高填方场地的传统工后沉降预测模型，基于陕北某典型黄土高填方场地的实测沉降数据，分析了工后沉降曲线的变化规律和发展趋势，建立了 17 种回归参数模型，提出了模型预测效果的评价指标和方法。结果表明，该工程填方区工后沉降历时曲线呈"缓变型"变化，土方填筑完工初期无陡增段，随时间增加沉降速率逐步降低，尚未出现沉降趋于稳定的水平段；将外推预测误差、内拟合误差和后验误差比最小化作为综合控制目标，可遴选出理想的回归参数模型；MMF 模型（Ⅱ型）和双曲线模型具有较高的预测精度、较好的稳定性和较强的适应性，在 17 种模型中预测效果最佳；沉降数据的变化越平稳，模型预测效果越好；增大建模数据的时间跨度，会提升预测精度，但增大至一定值后，预测精度提升效果不再显著。

（2）在分析典型黄土高填方场地沉降数据特点、曲线特征和发展演化规律的基础上，提出了收敛型和发散型两种用于工后沉降预测的新模型，介绍了新模型的基本性质与参数求解方法，并检验了新模型在典型黄土高填方场地工后沉降预测中的应用效果。工程实例分析结果表明，新模型的内拟合误差和外推预测误差均较小，具有较好的适应性、通用性和稳定性，适合黄土高填方场地的工后沉降预测，其中发散型模型对"S"形沉降曲线的预测效果较好，收敛型模型对"J"形沉降曲线的预测效果较好。新模型可为今后黄土高填方场地的工后沉降预测和评估提供更多的选择和参考。

（3）针对含噪声沉降监测数据波动性大、离散性强、难以直接用于沉降趋势预测和稳定性状态评估，以及传统预测模型参数无法随实测数据更新而可变自适应等问题，提出了基于卡尔曼滤波与指数平滑法融合沉降预测模型（简称 KF-ES 融合模型）的沉降预测新方法。该方法的思路是：首先，运用卡尔曼滤波对原始沉降数据进行三次滤波降噪处理；其次，将卡尔曼滤波一次、二次和三次处理值对应替换指数平滑法一次、二次、三次平滑值，用卡尔曼增益替换三次指数平滑系数；最后，采用替换后的平滑值和平滑系数计算三次指数平滑法的模型参数，建立预测模型并外推预测。实例检验结果表明，KF-ES 融合模型能显著减弱沉降数据中含有的随机噪声干扰，具有自适应性强、预测实时性好等优点，适合短期动态预测。

（4）针对黄土高填方场地工后沉降组合预测时面临的单项模型遴选和权重系数分配等问题，提出了基于包容性检验的黄土高填方场地工后沉降组合预测方法，介绍了基于包容性检验的单项模型遴选方法和步骤，对比了不同权重系数分配方法的组合预测效果。首先基于延安新区黄土高填方场地的工后沉降实测数据，建立了双曲线、对数函数、平方根函数等 7 种单项预测模型；然后根据单项预测模型的预测精度优劣进行排序，逐步进行包容性检验，遴选合适的单项预测模型；最后采用不同权重系数分配方法对遴选出的单项预测模型进行组合，以内拟合误差及外推预测误差最小化为原则，优选出最佳的权重系数分配方法。工程实例表明，通过按单项预测模型优劣次序逐步包容性检验的思路可筛选出合适的单项预测模型，采用最优加权法对单项预测模型进行组合预测的效果最佳，与传统预测方法相比，降低了组合预测模型中单项预测模型的数量，提高了预测精度和预测效率。

第8章 结 论

本书针对黄土高填方场地的变形分析与沉降预测难题，基于地质调查、现场监测、室内试验、数值模拟和模型试验等综合研究手段，揭示了黄土高填方沉降时空规律及影响因素，建立了沟谷型黄土高填方离心模型试验方法，形成了黄土高填方工后沉降预测与评价综合技术体系，得到如下主要结论和认识。

（1）土工离心模型试验结果显示：①黄土高填方场地的沉降变形具有沉降总量大、稳定时间长的特点，表明填筑体的沉降变形主要发生在施工期；②"刚性沟谷"模型的沉降量小于"柔性沟谷"模型，但"刚性沟谷"模型的差异沉降、变形倾度均大于"柔性沟谷"模型；③陡窄沟谷中填筑体的工后沉降量、差异沉降量与宽缓沟谷相比均较小，工后沉降稳定时间更短，狭窄区域内更易产生"土拱效应"，但是当沟谷坡度变为直立状态时，沉降等值线近似水平分布，这时差异沉降量会更小；④填筑体的施工期及工后期沉降均随着填土厚度增加近似呈线性增大，但不同模型的工后沉降量与填土厚度之比随着填土厚度增大而减小；⑤提高压实系数对减小沟谷中部工后沉降的作用比沟谷斜坡处更显著，若填筑体上部压实系数高、下部压实系数低，将导致差异沉降更显著；⑥7 组模型增湿后，填筑体内含水率增大范围为 3.3%～11.2%，增湿后新增沉降量与增湿前沉降量之比的范围为 0.5～2.8，表明降水或浸水作用均会导致黄土高填方场地产生明显的附加沉降；⑦试验再现了因不均匀沉降导致的黄土高填方场地裂缝发育现象，表明离心模型试验适用于对挖填交接裂缝的模拟研究。

（2）运用高压固结仪对压实黄土进行了一维蠕变试验，基于试验结果分析了压实系数、含水率及固结应力对压实黄土次固结特性的影响规律，并提出了一种考虑黄土时效变形特性的模型，将该模型结合传统分层总和法，对依托黄土高填方场地的工后沉降进行了计算分析。结果表明：压实黄土有很明显的蠕变变形，试样含水率越高，压实系数越小，蠕变变形占总变形的比例也越大，但随着应力水平的提高，蠕变变形占总变形的比例减小；压实黄土的次固结系数随着固结应力的增大呈增大趋势，次固结系数在低应力水平下对含水率和压实系数不敏感，但在高应力水平下，随含水率提高而增大，随压实系数的提高而减小；通过实例检验发现，本书提出的时效变形模型能较好地描述压实黄土的工后沉降规律。

（3）原位监测结果显示：①填筑体施工期沉降量与填筑体厚度之间近似呈二次函数增长，填筑体与原场地之间的沉降比与厚度比近似呈线性正比例增大关系；②"土拱效应"使沟谷两侧对沟谷中部的土压力起到一定的"减载作用"，导致一些沟谷中心位置的分层压缩沉降量的峰值点位于填筑体的中下部；③黄土高填方场地的工后沉降曲线形态有"J"形、"S"形两类，其中以"J"形为主。

（4）基于黄土高填方场地沉降变形规律和数据特点，提出了回归参数模型优劣性评价方法和适用于不同工况的工后沉降预测方法：①工后沉降预测时，应将已有实测沉降历时曲线分成两个时段，前一部分数据用于识别、估计模型及评价建模效果，后一部分数据用于检验模型外推预测的优劣程度，并将外推预测误差、内拟合误差和后验误差比最小化作为综合控制目标；②针对无工后沉降数据、有施工期分层沉降数据工况，采用基于施工期沉降数据的工后沉降反演预测方法；③针对已获得的大量长历时工后沉降数据，数据量充足，需要预测工后长期沉降工况，提出收敛型和发散型两种回归参数新模型，可用于对"S"形或"J"形沉降曲线的预测；④针对沉降数据含有大量噪声且需动态快速预测工况，提出基于卡尔曼滤波与指数平滑法融合模型的工后沉降预测方法；⑤针对黄土高填方场地工后沉降组合预测时面临的单项模型遴选和权重系数分配等问题，提出了基于包容性检验的黄土高填方场地工后沉降组合预测方法。上述方法经实例分析与效果检验，在各自适用条件下均获得较好的预测效果。

基于以上研究成果对工程设计、施工提出以下建议。

（1）为减小工后沉降和差异沉降不宜采取上部压实系数高、下部压实系数低的填筑方式；建筑物不宜设置在横跨挖填交界区位置，无法避免时应进行专门的加固处理，并采取抵抗地基不均匀沉降的基础形式；填土增湿将引起较大变形，工程上必须采取必要的地表减源、地下排水措施。

（2）黄土高填方场地的监测工作应贯穿施工期和工后期，并采取"天-空-地-内"一体化监测，从而及时捕捉黄土高填方场地的变形与稳定特征信息，为正确分析、评价、预测、预报及安全防护措施制定等提供可靠的资料和科学依据。

（3）依托工程沉降稳定时间随填土厚度不同有所差异，浅填方区沉降先稳定、深填方区后稳定，因此后续工程应采取先建浅填方区、后建深填方区，结合监测、预测结果进行建筑物的布局和确定建设时机。

参 考 文 献

[1] 刘宏, 张倬元, 韩文喜. 高填方地基土工离心模型试验技术研究[J]. 地质科技情报, 2005, 24 (1): 103-106.

[2] 刘宏, 张倬元, 韩文喜. 用离心模型试验研究高填方地基沉降[J]. 西南交通大学学报, 2003, 38 (3): 323-326.

[3] 梅源, 胡长明, 魏弋峰, 等. Q2、Q3黄土深堑中高填方地基变形规律离心模型试验研究[J]. 岩土力学, 2015, 36 (12): 3473-3481.

[4] 蒋洋, 柴贺军. 高填方路堤沉降变形离心模型试验研究[J]. 现代交通技术, 2007, 4 (6): 5-8.

[5] 张军辉, 黄湘宁, 郑健龙, 等. 河池机场填石高填方土基工后沉降离心模型试验研究[J]. 岩土工程学报, 2013, 35 (4): 773-778.

[6] 黄涛, 张西华, 曹江英, 等. 强夯法控制高填方变形的离心模型试验[J]. 水文地质工程地质, 2007, 34 (4): 121-125.

[7] 孟庆山, 孔令伟, 郭爱国, 等. 高速公路高填方路堤拼接离心模型试验研究[J]. 岩石力学与工程学报, 2007, 26 (3): 580-586.

[8] 李天斌, 田晓丽, 韩文喜, 等. 预加固高填方边坡滑动破坏的离心模型试验研究[J]. 岩土力学, 2013, 34 (11): 3061-3070.

[9] 刘守华, 韩文喜, 李景林. 用离心模型研究超高填方地基变形特性[J]. 工程勘察, 2005 (2): 8-11.

[10] 孙晨, 韩文喜, 徐磊, 等. 高填方填筑体沉降变形影响因素研究[J]. 成都大学学报 (自然科学版), 2018, 37 (1): 100-104.

[11] 朱才辉, 李宁. 基于黄土变形时效试验的高填方工后沉降研究[J]. 岩土力学, 2015, 36 (10): 3023-3031.

[12] 李秀珍, 许强, 孔纪名, 等. 九寨黄龙机场高填方地基沉降的数值模拟分析[J]. 岩石力学与工程学报, 2005, 24 (12): 2188-2193.

[13] 张豫川, 高飞, 吕国顺, 等. 基于黄土蠕变试验的高填方地基沉降的数值模拟[J]. 科学技术与工程, 2018, 18 (30): 220-270.

[14] 李群善. 某工程高填方地基变形数值模拟[J]. 路基工程, 2015 (3): 177-180.

[15] 葛苗苗, 李宁, 张炜, 等. 黄土高填方沉降规律分析及工后沉降反演预测[J]. 岩石力学与工程学报, 2017, 36 (3): 745-753.

[16] 王家全, 李磊, 王宇帆, 等. 土工格栅处治加宽高填方路堤试验分析[J]. 广西工学院学报, 2013, 24 (1): 75-78, 93.

[17] 程辉, 原兴霞, 李凯玲, 等. 黄土高填方地基动力响应数值模拟研究[J]. 工程地质学报, 2016, 24 (S1): 1140-1145.

[18] 董琪, 李阳, 段旭, 等. 黄土梁峁区高填方地基变形规律研究[J]. 工程地质学报, 2016, 24 (2): 309-314.

[19] 陈阳, 杜刚, 高奋飞. 康定机场高填方地基变形与稳定性数值模拟[J]. 路基工程, 2011 (2): 111-114.

[20] 刘忠, 韩文喜. 昆明新机场高填方地基沉降的二维数值模拟[J]. 地质灾害与环境保护, 2012, 23 (3): 104-108.

[21] 满立, 刘子昂, 别江波. 西南某机场高填方地基变形与稳定性数值模拟[J]. 路基工程, 2015 (1): 181-183.

[22] 刘宏, 李攀峰, 张倬元, 等. 山区机场高填方地基变形与稳定性系统研究[J]. 地球科学进展, 2004, 19 (S1): 324-328.

[23] 刘桂琴. 山区机场高填方变形监测与道面结构优化[D]. 贵阳: 贵州大学, 2008.

[24] 杨校辉. 山区机场高填方地基变形和稳定性分析[D]. 兰州: 兰州理工大学, 2017.

[25] 邢国耀. 吕梁机场试验段黄土高填方场区沉降规律的研究[D]. 西安: 西安理工大学, 2011.

[26] 朱才辉, 李宁, 刘明振, 等. 吕梁机场黄土高填方地基工后沉降时空规律分析[J]. 岩土工程学报, 2013, 35 (2): 293-301.

[27] 狄宇天. 既有铁路客运专线黄土高填方站台沉降特征及处治措施研究[D]. 西安: 长安大学, 2017.

[28] 罗汀, 刘引, 韩黎明, 等. 高填方机场工后沉降监测及数据分析[J]. 中国民航大学学报, 2017, 35 (3): 27-32.

[29] 王其昌. 高速铁路土木工程[M]. 成都: 西南交通大学出版社, 2000.

[30] 谢春庆. 山区机场高填方块碎石夯实地基性状及变形研究[D]. 成都: 成都理工大学, 2001.

[31] 王琛艳. 高填方路基沉降变形规律计算分析与研究[D]. 重庆：重庆交通学院，2005.

[32] 曹喜仁，赵振勇. 高填石路堤施工期沉降规律研究[J]. 公路，2004（5）：27-31.

[33] 曹喜仁，越振勇，赵明华. 高填石路堤地基沉降计算方法研究[J]. 公路交通科技 2005，22（6）：38-41.

[34] 曹喜仁. 高填石路堤工期沉降与工后沉降实用计算方法研究[J]. 湖南大学学报（自然科学版），2005，32（2）：54-58.

[35] BJERUM L. Engineering geology of Norwegian normally consolidation marine clay as related to the settlement of buildings[J]. Geotech nique, 1967, 17(2): 83-118.

[36] DAVISON L R, NASH D F T, SILLS G C. One-dimensional consolidation testing of soft clay from Bothkennar[J]. Geotechnique, 1992, 42(2): 241-256.

[37] SOWERS G F. Settlement of waste disposal fills[J]. International journal of rock mechanics and mining science & geomechanics abstracts, 1975, 12(4): 57-58.

[38] 曹光栩，宋二样，徐明. 山区机场高填方地基工后沉降变形简化算法[J]. 岩土力学，2011，32（S1）：1-5.

[39] 曹文贵，李鹏，程晔. 高填石路堤蠕变本构模型及其参数反演分析与应用[J]. 岩土力学，2006，27（8）：1299-1304.

[40] 宋二样，曹光栩. 山区高填方地基蠕变沉降特性及简化计算方法探讨[J]. 岩土力学，2012，33（6）：1711-1718.

[41] 姚仰平，车力文，祁生钧，等. 高填方地基蠕变沉降计算方法研究[J]. 工业建筑，2016，46（9）：25-31.

[42] 姚仰平，祁生钧，车力文. 高填方地基工后沉降计算[J]. 水力发电学报，2016，35（3）：1-10.

[43] 姚仰平，刘林，王琳，等. 高填方地基的蠕变沉降计算方法[J]. 岩土力学，2015，36（S1）：154-158.

[44] 张院生，高水涛，吴顺川，等. 排土场工后沉降及蠕变规律[J]. 工程科学学报，2016，38（6）：745-753.

[45] 刘宏，李攀峰，张倬元. 九寨黄龙机场高填方地基工后沉降预测[J]. 岩土工程学报，2005，27（1）：90-93.

[46] 侯森，任庚，韩黎明，等. 承德机场高填方地基工后沉降预测[J]. 地下空间与工程学报，2017，13（S1）：279-284.

[47] 孔样兴，王桂尧，肖世校，等. 高填方路基的沉降变化规律及其预测方法研究[J]. 公路交通技术，2006（2）：1-4.

[48] 朱彦鹏，蔡文霄，杨校辉. 高填方路堤沉降模型现场试验[J]. 建筑科学与工程学报，2017，34（1）：84-90.

[49] 魏道凯，寇海磊. 高速公路高填方路基沉降变形数据拟合与预测研究[J]. 公路工程. 2018，43（1），251-255.

[50] 延安新区管理委员会. 延安市新区一期综合开发工程地基处理与土方工程施工图设计[Z]. 北京：中国民航机场建设集团公司，2012.

[51] 延安新区管理委员会. 延安新区二期综合开发工程岩土工程施工图设计[Z]. 西安：机械工业勘察设计研究院有限公司，2015.

[52] 张茂省，谭新平，董英，等. 黄土高原平山造地工程环境效应浅析——以延安新区为例[J]. 地质论评，2019，65（6）：1409-1421.

[53] 本书编委会. 延安新区黄土丘陵沟壑区域工程造地实践[M]. 北京：中国建筑工业出版社，2019.

[54] 蔡怀恩，张继文，郑建国，等. 浅析延安黄土丘陵沟壑区水文地质特征[J]. 岩土工程技术，2019，33（5）：288-292.

[55] 蔡怀恩，张继文，秦广平. 浅谈延安黄土丘陵沟壑区地形地貌及工程地质分区[J]. 土木工程学报，2015，48（S2）：386-390.

[56] 延安新区管理委员会. 延安市新区一期综合开发工程 A 标段工程地质勘察报告[R] 西安：机械工业勘察设计研究院.

[57] 延安新区管理委员会. 延安市新区（北区）一期工程 1：2000 水文地质环境地质勘察报告[R]. 西安：西安地质矿产研究所，2012.

[58] 张继文，于永堂，李攀，等. 黄土削峁填沟高填方地下水监测与分析[J]. 西安建筑科技大学学报（自然科学版），2016，48（4）：477-483.

[59] 曹杰，张继文，郑建国，等. 黄土地区平山造地岩土工程设计方法浅析[J]. 岩土工程学报，2019，41（S1）：109-112.

[60] 谢定义. 试论我国黄土力学研究中的若干新趋势[J]. 岩土工程学报，2001，23（1）：3-13.

[61] 张继文. 水敏性黄土增湿的应力等效特性研究[D]. 西安：西安理工大学，2004.

[62] 张苏民, 张炜. 减湿和增湿时黄土的湿陷性[J]. 岩土工程学报 1992, 14（1）: 57-61.

[63] 刑义川, 李京爽, 李振. 湿陷性黄土与膨胀土的分级增湿变形特性试验研究[J]. 水利学报, 2007, 38（6）: 546-551.

[64] 延安新区管理委员会. 延安新区一期综合开发工程地基处理与土石方工程初步设计说明[R]. 北京: 中国民航机场建设集团公司, 2012.

[65] 张继文, 于永堂, 郑建国, 等. 强夯法与分层碾压法在黄土高填方地基处理中的应用[C]//陈湘生, 张建民, 黄强. 全国岩土工程师论坛论文集. 北京: 中国建筑工业出版社, 2018: 223-230.

[66] 高远, 郑建国, 于永堂, 等. 压实黄土（Q₂）溶滤变形特性研究[J]. 岩石力学与工程学报, 2019, 38（1）: 180-191.

[67] 高远, 于永堂, 郑建国, 等. 压实黄土在溶滤作用下的强度特性[J]. 岩土力学, 2019, 40（10）: 3833-3843.

[68] 关亮, 陈正汉, 黄雪峰, 等. 非饱和填土（黄土）的湿化变形研究[J]. 岩石力学与工程学报, 2011, 30（8）: 1698-1704.

[69] 郑建国, 曹杰, 高建中, 等. 黄土高填方地下水控制技术——以延安新区为例[C]//龚晓南, 沈小克. 岩土工程地下水控制理论、技术及工程实践. 北京: 中国建筑出版社, 2020: 327-346.

[70] 郑建国, 曹杰, 张继文, 等. 基于离心模型试验的黄土高填方沉降影响因素分析[J]. 岩石力学与工程学报, 2019, 38（3）: 560-571.

[71] CAO J, ZHENG J G, ZHANG J W. Centrifuge model tests on settlement regularity of loess ground[C]//ZHOU A N, TAO J L, GU X Q, et al. Proceedings of GeoShanghai 2018 International Conference: fundamentals of soil behaviours. Singapore: Springer, 2018: 452-462.

[72] 曹杰, 郑建国, 张继文, 等. 不同边界条件下黄土高填方沉降离心模型试验[J]. 中国水利水电科学研究院学报, 2017, 15（4）: 256-262.

[73] ZHANG J W, CAO J, LI B, et al. Centrifuge model test on the settlement of valley-type loess filled after construction and subjected to rainfall infiltration[J]. Advances in civil engineering, 2021, (3): 1-11.

[74] 于永堂. 黄土高填方场地沉降变形规律与预测方法研究[D]. 西安: 西安建筑科技大学, 2020.

[75] 电力行业水电施工标准化技术委员会. 土工离心模型试验技术规程: DL/T 5102—2013[S]. 北京: 中国电力出版社, 2013.

[76] 杜伟飞, 郑建国, 刘争宏, 等. 黄土高填方地基沉降规律及排气条件影响[J]. 岩土力学, 2019, 40（1）: 325-331.

[77] 黄雪峰, 孔洋, 李旭东, 等. 压实黄土变形特性研究与应用[J]. 岩土力学, 2014, 35（2）: 37-44.

[78] 景宏君, 胡长顺, 王秉纲. 黄土高路堤沉降变形规律研究[J]. 岩石力学与工程学报, 2005, 24（S2）: 5845-5850.

[79] 葛苗苗, 李宁, 郑建国, 等. 基于一维固结试验的压实黄土蠕变模型[J]. 岩土力学, 2015, 36（11）: 3164-3170.

[80] 葛苗苗, 李宁, 郑建国, 等. 考虑黄土时效变形特性的高填方工后沉降预测[J]. 土木工程学报, 2015, 48（S2）: 262-267.

[81] 中华人民共和国住房和城乡建设部. 建筑变形测量规范: JGJ 8—2016[S]. 北京: 中国建筑工业出版社, 2016.

[82] 中华人民共和国住房和城乡建设部. 建筑地基基础设计规范: GB 50007—2011[S]. 北京: 中国建筑工业出版社, 2011.

[83] 中华人民共和国交通运输部. 公路路基设计规范: JTG D30—2015[S]. 北京: 人民交通出版社, 2015.

[84] 中华人民共和国铁道部. 铁路路基设计规范: TB 10001—2016 [S]. 北京: 中国铁道出版社, 2017.

[85] 中华人民共和国铁道部. 新建时速 200 公里客货共线铁路设计暂行规定[S]. 北京: 中国铁道出版社, 2005.

[86] 中华人民共和国水利部. 碾压式土石坝设计规范: SL 274—2020[S]. 北京: 中国水利水电出版社, 2020.

[87] 中国民用航空局. 民用机场岩土工程设计规范: MH/T 5027—2013[S]. 北京: 中国民航出版社, 2013.

[88] 中国民用航空局机场司. 民用机场高填方工程技术规范: MH/T 5035—2017[S]. 北京: 中国民航出版社, 2017.

[89] 中华人民共和国住房和城乡建设部. 工程测量标准: GB 50026—2020[S]. 北京: 中国计划出版社, 2020.

[90] 李广信, 李学梅. 土力学中的渗透力与超静孔隙水压力[J]. 岩土工程界, 2009, 12（4）: 11-12.

[91] 司洪洋. 土石坝施工期的孔隙压力观测——关于《土石坝安全监测技术规范 SL60—94》的讨论意见[J]. 大坝观测与土工测试, 2000, 24（4）: 1-4.

[92] KARL T. Theoretical soil mechanics[M]. 4th ed. New York: John Wiley & Sons, 1947.

[93] 贾海莉, 王成华, 李江洪. 关于土拱效应的几个问题[J]. 西南交通大学学报, 2003, 38 (4): 398-402.

[94] 梅国雄, 宰金珉, 殷宗泽, 等. 沉降-时间曲线呈 "S" 型的证明——从一维固结理论角度[J]. 岩土力学, 2004, 24 (1): 20-22.

[95] 赵明华, 刘煜, 曹文贵. 软土路基沉降变权重组合 S 型曲线预测方法研究[J]. 岩土力学, 2005, 26 (9): 1443-1447.

[96] LEWIS C D. Industrial and business forecasting methods: a practical guide to exponential smoothing and curve fitting[M]. London: Butterworths Scientific, 1982.

[97] 徐洪钟, 施斌, 李雪红. 全过程沉降量预测的 Logistic 生长模型及其适用性研究[J]. 岩土力学, 2005, 26 (3): 53-57.

[98] 余闯, 刘松玉. 路堤沉降预测的 Gompertz 模型应用研究[J]. 岩土力学, 2005, 26 (1): 82-86.

[99] GOMPERTZ B. On the nature of the function expressive of the law of human mortality, and on a new method of determining the value of life contingencies[J]. Philosophical transactions of the Royal Society, 1825(115): 513-583.

[100] 赵明华, 龙照, 邹新军, 等. 路基沉降预测的 Usher 模型应用研究[J]. 岩土力学, 2008, 29 (11): 2973-2976.

[101] 刘国辉. Weibull 模型在地基沉降预测中的应用[J]. 贵州大学学报 (自然科学版), 2011, 28 (2): 111-114.

[102] 廖卫红, 王军保. MMF 模型在地基沉降预测中的应用研究[J]. 地下空间与工程学报, 2011, 7 (4): 807-811.

[103] 王军保, 刘新荣, 李鹏, 等. MMF 模型在采空区地表沉降预测中的应用[J]. 煤炭学报, 2012, 37 (3): 411-415.

[104] 王正帅, 邓喀中. 采动区地表动态沉降预测的 Richards 模型[J]. 岩土力学, 2011, 32 (6): 1664-1668.

[105] 赵霞. Richards 曲线模型在地基沉降预测中的应用[J]. 贵州大学学报 (自然科学版), 2011, 28 (3): 103-106.

[106] 陈庆发, 牛文静, 刘严中, 等. Knothe 模型改进及充填开采岩层移动动态过程分析[J]. 中国矿业大学学报, 2017, 46 (2): 250-256.

[107] 刘玉成, 庄艳华. 地下采矿引起的地表下沉的动态过程模型[J]. 岩土力学, 2009, 30 (11): 3406-3410.

[108] 宛新荣, 刘伟, 王梦军, 等. 常见生物生长模型的时差性分析及其应用[J]. 应用生态学报, 2007, 18 (5): 1159-1162.

[109] FRANCE J, DIJKSTRA J, THORNLEY J H M, et al. A simple but flexible growth function[J]. Growth, development & aging, 1996, 60(2): 71-83.

[110] 邓英尔, 谢和平. 全过程沉降预测的新模型与方法[J]. 岩土力学, 2005, 26 (1): 1-4.

[111] 蒋建平, 路俤, 高广运, 等. 建筑地基沉降预测的 Usher-Spillman 组合模型研究[J]. 北京工业大学学报, 2011, 37 (4): 507-514.

[112] 王志亮, 吴克海, 李永池, 等. 一个预测路堤沉降的新经验公式模型[J]. 岩石力学与工程学报, 2005, 24 (12): 2013-2017.

[113] 杨涛, 李国维, 杨伟清. 基于双曲线法的分级填筑路堤沉降预测[J]. 岩土力学, 2004, 25 (10): 1551-1554.

[114] 许永明, 徐泽中. 一种预测路基工后沉降量的方法[J]. 河海大学学报 (自然科学版), 2000, 28 (5): 111-113.

[115] 王海英, 常肖, 阮祺, 等. 建筑垃圾填埋路基沉降预测的三点-星野法[J]. 铁道科学与工程学报, 2017, 14 (3): 473-479.

[116] 陈善雄, 王星运, 许锡昌, 等. 路基沉降预测的三点修正指数曲线法[J]. 岩土力学, 2011, 32 (11): 3355-3360.

[117] 王伟, 卢廷浩. 基于 Weibull 曲线的软基沉降预测出模型分析[J]. 岩土力学, 2007, 28 (4): 803-807.

[118] 罗战友, 龚晓南, 杨晓军. 全过程沉降量的灰色 verhulst 预测方法[J]. 水利学报, 2003, 3: 29-32, 36.

[119] 钟才根, 丁文其, 王茂和, 等. 神经网络模型在高速公路软基沉降预测中的应用[J]. 中国公路学报, 2003, 16 (2): 31-34.

[120] 张鸿燕, 狄征. Levenberg-Marquardt 算法的一种新解释[J]. 计算机工程与应用, 2009, 45 (19): 5-8.

[121] 周俊, 马建林, 徐华, 等. EMD 降噪在高速铁路路基沉降预测中的应用[J]. 振动与冲击, 2016, 35 (8): 66-72.

[122] Kalman R E. A new approach to linear filtering and prediction problems[J]. Journal of basic engineering transactions, 1960, 82(1): 35-45.

[123] PAUL Z, HOWARD M. Fundamentals of Kalman filtering: a practical approach[M]. 3rd ed. Reston: American Institute of Aeronautics & Astronautics, Inc, 2009: 41-90.

[124] 王利, 李亚林, 刘万红. 卡尔曼滤波在大坝动态变形监测数据处理中的应用[J]. 西安科技大学学报, 2006,

26（3）：353-357.

[125] 王琦，孙华，李伟华，等. 卡尔曼滤波在变形监测数据处理中的应用[J]. 工程地球物理学报，2009，6（5）：658-661.

[126] 许国辉，余春林. 卡尔曼滤波模型的建立及其在施工变形测量中的应用[J]. 测绘通报，2004，（4）：22-24.

[127] 宋迎春. 动态定位中的卡尔曼滤波研究[D]. 长沙：中南大学，2006，1-18.

[128] 李守金，崔子梓，赵静. 基于 Matlab 自适应的动态三次指数平滑法的研究与应用——以全国道路交通事故的预测为例[J]. 数学的实践与认识，2018，48（12）：169-177.

[129] 蒋仲廉，刘培豪，钟诚，等. 基于双向指数平滑的水位数据修复方法[J]. 武汉理工大学学报（交通科学与工程版），2018，42（5）：880-884.

[130] 夏家盛，吉培荣. 负荷预测指数平滑法"厚近薄远"规律研究[J]. 电力学报，2019，34（1）：23-29，58.

[131] 张德南，张心艳. 指数平滑预测法中平滑系数的确定[J]. 大连铁道学院学报，2004，25（1）：79-80.

[132] 冯金巧，杨兆升，张林，等. 一种自适应指数平滑动态预测模型[J]. 吉林大学学报（工学版），2007，37（6）：1284-1287.

[133] 徐大江. 预测模型参数的指数平滑估计法及其应用的进一步研究[J]. 系统工程理论与实践，1999（2）：25-30.

[134] 陈华友，朱家明，丁珍妮. 组合预测模型与方法研究综述[J]. 大学数学，2017，33（4）：1-10.

[135] BATES J M, GRANGER C W J. The combination of forecasts[J]. Operational research quarterly, 1969, 20(4): 451-468.

[136] 王丰效. 基于组合预测包容性检验的单项模型选择[J]. 重庆师范大学学报（自然科学版），2013，30（3）：81-84.

[137] DE Menezes L M, Bunn D W. The persistence of specication problems in the distribution of combined frecast errors[J]. International journal of forecasting, 1998, 14(3): 415-426.

[138] 王博林，马文杰，王旭，等. 最优组合预测模型在高填方体沉降中的应用研究[J]. 土木工程学报，2019，52（S1）：36-43.